玩中学
在家就能做的
科学小实验

[英] 托马斯·卡纳万 著　　[英] 伊莲·威尔金森 绘　　尤娜 译

U0332249

浙江教育出版社·杭州

微信扫码，加入本书读者圈，上传分享你的科学小实验视频，有机会赢取图书奖励，还能免费获取本书材料清单等数字资源。

目　录

注意安全，玩得开心

本书中有许多可以在家安全操作的、有趣的科学实验。几乎所有实验所需要的材料，都可以在家里找到。即便家里没有，也能很容易买到。

我们在实验操作旁提供了一些小提示，明确实验什么时候需要成人的帮助。成人的监督是必要的，但程度并不同，这取决于孩子的年龄和实验的性质。我们建议成人在那些需要使用烹饪工具、锋利器具、电子设备或者电池的实验中密切监督孩子的操作。在做实验的过程中，请注意剪刀、蜡烛、热水等物品的使用。

做实验，常常会遭遇失败。请不要气馁，多试几次就能成功。当然，失败也能让人总结经验教训。

运动 和 力

不论是建造一座拱形建筑，还是在烤盘里研究月球上的陨石坑，你都能发现科学力量无所不在！

发射属于你自己的火箭！（第20页）

吹口气抬起书本

吹起一张纸或一根羽毛，是不难做到的。而你能想象自己往塑料袋里吹气，就可以把一堆书抬起来吗？这是用到了什么原理呢？

1

用胶带粘住小塑料袋的开口，但在末端留一个小孔。

2
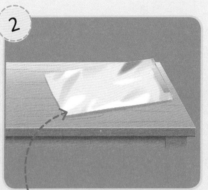
把小塑料袋放在桌子的边缘。

3
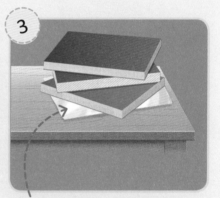
把3本书放在小塑料袋上。

4

把吸管插入小塑料袋末端留出的小孔，往里面吹气。

5
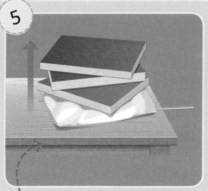
小塑料袋开始膨胀，书被抬高了。

6
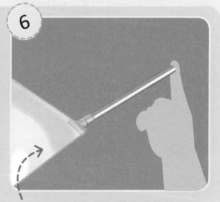
注意：在你需要换气的时候，用手堵住吸管的末端，以免漏气。

这是为什么呢？

你刚才演示了帕斯卡定律，这个定律最先由法国科学家帕斯卡于17世纪提出。帕斯卡定律指出，密闭的流体（在这个实验中指小塑料袋里的空气）能够大小不变地传导压强。

压强是物体单位面积上受到的压力，而流体是科学家对液体和气体的总称。你可能觉得吹气的力量很小，但是它给小塑料袋施加了大小不变的压强。由于小塑料袋与书的接触面积是吸管横截面的几十倍，作用于书的力就放大了几十倍，这种几十倍增加的力就足以把书抬起来了。

小提示

确保吸管和小塑料袋都不会漏气。你可以先把吸管插进小塑料袋，然后再把小塑料袋的开口粘住。

举一反三

如果你用手指戳一个吹起来了的气球，你会发现什么？它会向各个方向膨胀。这是因为你的手指产生的力在气球里的空气中均匀地传递。但要注意的是，如果你用力太大的话，气球就可能会爆炸。

生活中的科学

你有没有见过修车工在被抬起来的小汽车下面工作？车子是被液压起重机抬起来的。起重机的原理和你的充气塑料袋是一样的——只不过它利用了液体（而不是空气）。

谁会最后倒下

不倒翁是一种古老的玩具，据记载最早出现于中国唐代，不倒翁被扳倒后却能恢复直立，不容易倒下。今天你可以用实验来检验下面三个果汁包装盒中哪个才是"不倒翁"。你一定会大吃一惊！

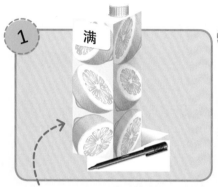

1 将第一个果汁包装盒中装满水，拧紧盖子并在盒上写上"满"。

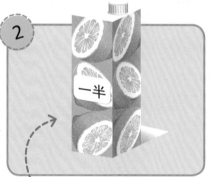

2 将第二个果汁包装盒中装一半的水，拧紧盖子并在盒上写上"一半"。

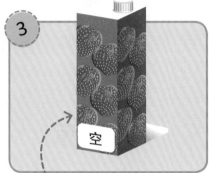

3 将第三个果汁包装盒的盖子拧紧，并在盒上写上"空"。

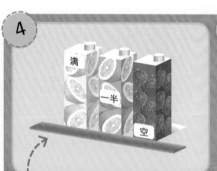

4 把三个果汁包装盒在桌子上排成一排，用尺确保它们排齐了。预测它们中的哪一个最稳。

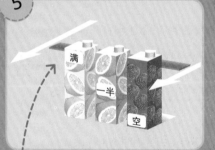

5 把尺放在三个果汁包装盒的后面，找到从盒的顶端往下约3cm处，并用尺轻轻推它们。

6 慢慢地往前推尺，并观察哪个果汁包装盒最先倒下，哪个第二个倒下，哪个最后倒下。

这是为什么呢？

这个实验是关于物体质量中心（简称质心）的——物体中代表这个物体的质量集中的假象点就是该物体的质量中心，你可以想象一个物体的全部质量都集中在这一点。一个物体的稳定程度与质心密切相关。当支撑面面积相同（在这个实验中指三个果汁包装盒底面积相同）时，质心越低越稳。装满水的果汁包装盒和空的果汁包装盒的质量中心都位于包装盒的一半高度左右处。但是半满的果汁包装盒的质量中心则位于果汁包装盒的下半部分，因为包装盒的上半部分（空气）的质量很轻。

小提示

确保三个果汁包装盒的底边在一条直线上。

举一反三

你可以将不同质量的水装入果汁包装盒，再做这个实验，看看装多少水的果汁包装盒最稳定。在这个实验中装了一半水的果汁包装盒最稳定。那么装了三分之一盒水的果汁包装盒会不会更稳定呢？装四分之一盒水呢？

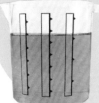

生活中的科学

质心在很多领域都很重要——无论是工业还是娱乐。想想那些叠成金字塔的杂技演员。如果你从最高位置的杂技演员的质量中心往下画一条虚线，这条线一定会落在底部（支撑面）中间。

水的射程

威力超群的消防水枪是消防员灭火时的重要"武器"。你知道吗？消防水枪之所以威力超群，是依靠巨大的压力。不过，即使今天我们没有借到消防水枪，也能通过这个小实验弄明白水的射程与压强的关系。

① 把塑料汽水瓶都装满水。

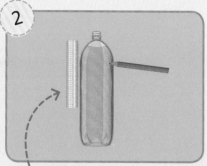

② 请成人在第一个塑料汽水瓶上距顶部大约5cm处钻一个和铅笔尖差不多大小的孔。让一位朋友用手指堵住小孔。

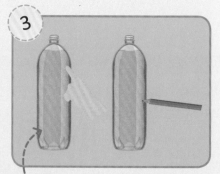

③ 在第二个塑料汽水瓶上重复步骤2，但是钻孔的位置在瓶身中间。

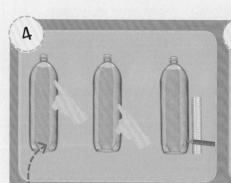

④ 对第三个塑料汽水瓶进行相同的钻孔操作，但钻孔的位置距瓶底2～3cm。并确保每个小孔都用手指堵上了。

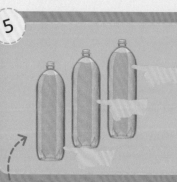

⑤ 将塑料汽水瓶排成一排，间距60～70cm。小孔朝向同一个方向。让你的朋友们一同把手指移开，观察每一个塑料汽水瓶的水是如何喷射的。

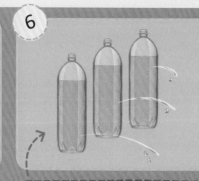

⑥ 量一量哪一股水流的射程最远。

这是为什么呢？

使水喷出小孔的是压力。三个塑料汽水瓶中的水所受到的重力是相同的，不同之处在于小孔上方的水的质量不同，不同质量的水所产生的压强也不同。瓶身底部的孔承受着几乎一整瓶水的质量，所有这些质量都意味着更大的压强，这个压强将水射得最远。感兴趣的话，你可以去查查是多大的压强让消防水枪有这么远的射程。

小提示

这个实验可能会把屋里弄得一团糟，所以最好在室外做！

生活中的科学

你在游泳的时候可能已经体验过了水压和水深的联系。你下潜得越深，感觉到的压强就越大，尤其是耳朵（耳朵对压强很敏感）。今天这个实验就体现了相同的原理。

举一反三

你已经知道瓶中水的质量越大，产生的压强越大，水的射程就越远。那么如果你在瓶身钻的孔更大或者更小，结果会如何呢？这几只塑料汽水瓶水的"射程"会发生变化吗？

独具魅力的气球

你一定希望自己过生日的时候身边围着一群朋友吧。那么一只气球上粘着几只塑料杯呢？不过等一等——那些塑料杯是怎么粘在气球上的呢？难道这只气球独具魅力吗？让我们来研究一下吧。

你需要

- 结实的圆形气球
- 至少6只塑料杯（每只容量约200mL）
- 水

1

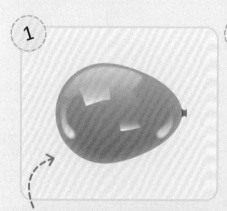

把气球吹成柚子那么大。

2

把气球的口捏紧，但是别打结。

3

在六只塑料杯的边缘擦点水。

4

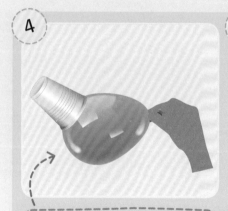

把一只塑料杯的边缘紧紧地按在气球的一侧，然后把手松开。塑料杯就粘在那里了。

5

用同样的方法再粘两只塑料杯。

6

把气球再吹大一点，把剩余三只塑料杯也一只一只粘在气球上。

这是为什么呢？

这个实验是在探究大气压和表面张力。塑料杯边缘的水使杯子贴在气球表面上，这多亏了一种叫作表面张力的力。塑料杯里有"一整杯"的空气。当你继续吹大气球的时候，气球就会再膨胀一些（原本盖在杯子口的弧面会变得更平），于是塑料杯里面的空气就占据了更多体积（空间）。这就意味着塑料杯里的气压变小了，但是外面的气压依然不变，于是就把塑料杯牢牢按在气球上了。

小提示

如果有朋友的帮助，这个实验就更容易成功。你在吹气球的时候，朋友可以帮你粘塑料杯。

举一反三

"按比例放大"或"按比例缩小"在许多科学实验里都奏效——使用更大或更小的东西也能获得相同的结果。想象一下你在海边用沙滩球和一些塑料桶做这个实验！你还能想象出在其他什么地方做这个实验吗？

生活中的科学

你是否曾站在黏糊糊的泥地里，发现自己的靴子好像被卡在了泥里，甚至当你往前走的时候靴子还留在原地？这就是大气压的力量！你的靴子下面空气很少甚至没有，但是靴子周围的气压依然在往下按压靴子。

掉落的硬币

你们一家人都坐进一辆车里，系好安全带，然后车就开走了。当车开走时，你们不会还留在原地。那么，把硬币放在纸牌上，如果你弹一下纸牌，硬币也不会留在原地吗？不一定哦！

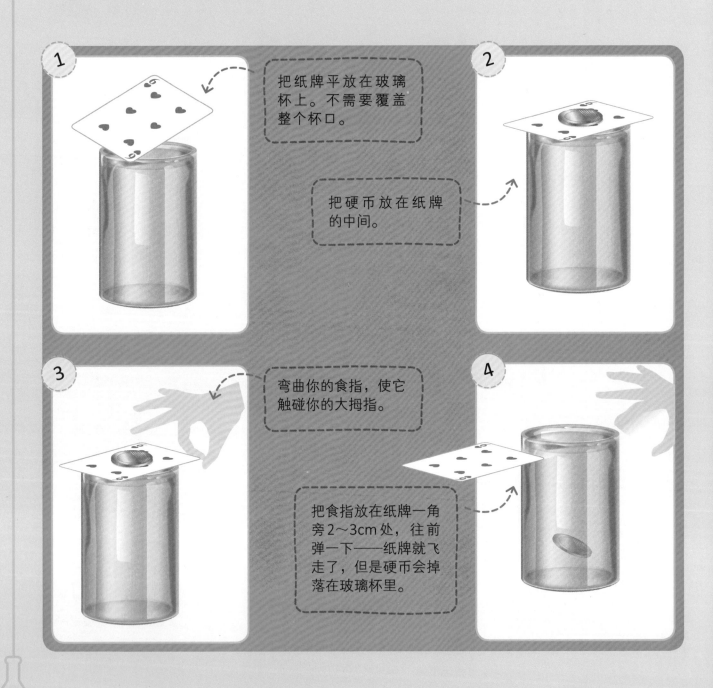

1 把纸牌平放在玻璃杯上。不需要覆盖整个杯口。

2 把硬币放在纸牌的中间。

3 弯曲你的食指，使它触碰你的大拇指。

4 把食指放在纸牌一角旁2～3cm处，往前弹一下——纸牌就飞走了，但是硬币会掉落在玻璃杯里。

这是为什么呢？

如果你慢慢地移动纸牌，纸牌和硬币之间的摩擦力会使硬币随着纸牌一起移动。而如果快速地弹纸牌，硬币可以克服其与纸牌间的摩擦力，保持静止，留在原地，最后由于重力落进玻璃杯里。

举一反三

想象一下把餐桌布置好，摆上水晶玻璃和精美瓷器，然后迅速地把桌布从底下抽出来，桌子上的东西不会掉落！这个神奇的技能利用了和本实验相同的原理，但是要练习许多次才能掌握，所以你最好从硬币和纸牌开始练起。

小提示

最好使用玻璃杯做这个实验。硬币落进玻璃杯里发出"砰"的一声就意味着实验成功。

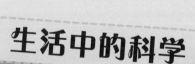

生活中的科学

在生活中到处都能看到和感受到牛顿第一定律。如果你乘坐的车子突然停下来，你的身体就会前倾。这也就是为什么系安全带那么重要。如果车突然前进，你会感觉到自己往后倒。这些都是惯性的例子。

拱形的力量

你需要

· 4位朋友
· 光滑的地板

你和你的朋友们在自己家的房间里花几分钟就可以建造一座中世纪拱形建筑。当然，不是真的建造一座拱形建筑，而是探索拱形建筑百年不倒是运用了哪条重要的工程学原理。这就是拱形的力量。

让两位朋友只穿着袜子，面对面站着。

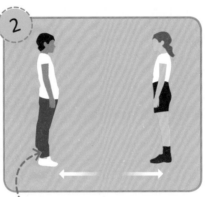

让他们各自退一步。

让另外两位朋友分别坐在前一对朋友身后的地板上，后背贴着前一对朋友的小腿（后一对朋友可以穿鞋）。

让站着的两位朋友举起双臂，双脚保持不动。

让他们身体前倾，握住对方的双手。现在他们形成了一个拱形。

让坐着的两位朋友形容一下他们有没有感受到拱形产生的力。

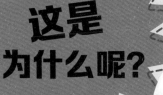

这是为什么呢？

坐着的两位朋友应该感受到了站着的两位朋友的脚跟的推力。这是因为站着的两位朋友创造了一个拱形，而拱形是转移力的重要方式。它将自己的重力和任何加在它之上的重力（比如建筑屋顶）转换成朝外或者朝下的力。这就是坐在地上的朋友感受到的、从站着的两位朋友的脚跟传递出来的力。工程师把拱形底座（坐着的那对朋友）称为扶壁。

小提示

如果坐着的两位朋友穿着鞋子，实验效果更好。鞋子可以防止他们滑动（还能让他们专注抵抗后背上的力）。

生活中的科学

举一反三　你的四位朋友已经展示了拱形的原理，你还可以测试它有多坚固。方法是测量它在断裂之前能转移多少力。让站着的两位朋友先握紧拳头，再组成拱形，然后把书一本一本地放在他们的手背形成的水平面上。

一千年前的建筑师和工程帅在建造大型建筑的时候就已经在使用拱形了。一开始，他们对着外墙修建厚实的拱壁。后来他们意识到连拱壁都可以造成拱形的。这种支撑结构被称为飞拱，又称飞扶壁。

提不动的塑料袋

一只塑料袋有多重？你能提得动吗？如果你觉得这么提问很奇怪……试试下面的实验吧！你可以利用简单的科学原理把塑料袋锁在碗里。

你需要

- 大碗
- 塑料袋（大小要能装得下碗）
- 橡皮筋

1

打开塑料袋，把它铺在大碗上。

2

让塑料袋紧贴在碗底，把多余的部分留在碗外壁。

3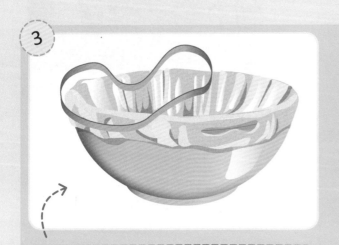

用橡皮筋围住塑料袋在碗外面的部分。

4

用手捏住塑料袋的中间，试着把它提起来。你会发现，这很难做到，甚至不可能做到。

这是为什么呢？

你刚刚演示的是波义耳—马略特定律，这是人类历史上第一个被发现的"定律"。这条科学定律告诉我们，如果等量的气体（以分子数量计算）被装入更大的空间，它的压力就会减小。反之，压力就会增大。这就是你在提塑料袋时所发生的事。塑料袋内部的气压原本和大气压强相同，但即便是稍稍拉动一下都会成倍地增加体积，成倍地降低塑料袋内部的气压，但是外面的大气压并未改变，所以大气压压住了塑料袋，使你提不动。

小提示

用陶瓷碗或金属碗都可以，只要材质较硬就行。你也不想让橡皮筋改变碗的形状吧！

生活中的科学

你可能看到过别人向空的塑料袋或者纸袋吹气，封住袋口，然后用手掌使劲击打它，它就"砰"的一声炸开了。这是波义耳—马略特定律的另一个例子。袋子里的空气被挤入更小的空间，产生了更大的压力，最终把袋子撑破。

举一反三

在这个实验中，外面的大气压强没有改变，压住了塑料袋。如果你用更大的碗和塑料袋，结果会怎么样呢？更小的呢？想一想科学家是怎么测量一个平面上的大气压力的，然后你就容易预测结果了。

制造陨石坑

你可能看到过月球表面的照片（还有其他星球，比如水星的照片）。这些星球的表面有大大小小的坑。你有没有思考过这些坑是如何形成的？为什么这些坑的大小不同？现在，我们就在家里的厨房，探索一下这个现象吧！

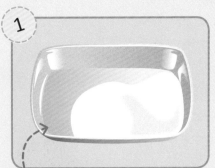

1 把面粉倒入烤盘，然后摇晃烤盘，让面粉均匀平铺在烤盘底部，5～10mm厚。

2 在面粉上撒一层薄薄的可可粉或者速溶咖啡粉。

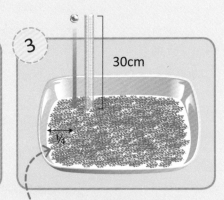

3 把最小的弹珠放在烤盘上方30cm（用直尺精确测量），距一边约四分之一长度处。

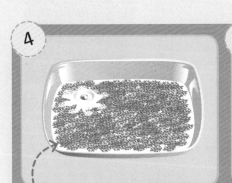

4 松手，让弹珠掉在烤盘里，制造一个坑。

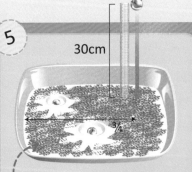

5 用其他两颗弹珠重复步骤3和步骤4——一个从烤盘中间上方掉下，另一个从距同一边的约四分之三处上方掉下。

6 测量每个坑的深度和直径。

牛顿第二运动定律研究的是作用力、物体的质量和它的加速度三者的关系。但是加速度并不只是与加速相关，它还与减速相关。三颗弹珠降落，速度最后为零，加速度相同（都等于重力加速度）。最大的区别在于它们的大小或者质量。根据牛顿定律，作用力等于质量乘以加速度（$F=ma$）。所以在这个实验中，质量越大，作用力就越大——形成的坑就越大。

小提示

如果你用速溶咖啡粉，用较细的咖啡粉。

举一反三

你能看到和测量不同的弹珠制造的不同大小的坑。很明显，质量最大的弹珠制造出了最大的坑。现在，想一想弹珠的形状会有什么影响。一个更扁、更宽的物体，比如多米诺骨牌，制造的坑会不会比相同质量的弹珠制造的坑更大呢？你可以试一试。

生活中的科学

月球的表面到处都是陨石坑，它们都是陨石撞击形成的。那么地球表面为什么没有那么多陨石坑呢？地球上其实也有一些陨石坑，因为曾经有巨大的陨石撞击过地球。但是大部分陨石都在大气层中燃烧殆尽——与大气的摩擦毁掉了它们。月球没有大气层，所以它的表面有更多的坑。

旋转的笔

你需要

· 圆珠笔
· 光盘
· 光滑的地板或大桌子
· 橡皮泥
· 直尺

不用手握，怎么保持一支笔竖立不倒呢？当然，你可以把它插进笔筒里。你还可以运用一点科学知识，转动一下它，使它只用笔尖保持平衡。

1 把圆珠笔竖立起来，笔尖接触地板或桌面。

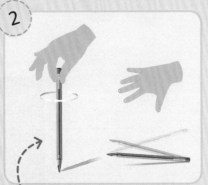

2 用手指迅速地转动一下，使它旋转，就像陀螺一样。不过，圆珠笔会很快倒下。

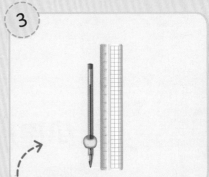

3 把一块橡皮泥（大约是豌豆大小的两倍）裹在圆珠笔上距离笔尖2~3cm处。

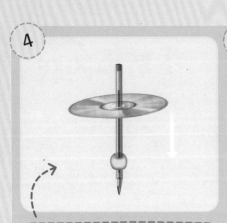

4 把光盘套到圆珠笔上，往下按压到橡皮泥上。

5 现在，重复步骤1和步骤2。

6 看看这一次圆珠笔能转多久。

这是为什么呢？

你刚才所做的实验与一个叫作角动量的物理量相关。动量描述一个运动的物体在它运动方向上保持运动的趋势。它与物体的质量和速度相关。如果用相同的速度运动，棒球棒（质量大）的动量比硬纸管（质量小）大。角动量描述旋转物体在它运动方向上保持运动的趋势。它等于速度乘以质量，再乘以半径（半径就是质点与旋转中心的距离）。光盘和橡皮泥都增加了质量，光盘的宽度增加了半径。角动量增加了，圆珠笔就能转得更久。

小提示

在第二次旋转圆珠笔前，检查一下光盘是否与地板平行。如果不是，请调整一下。

举一反三

如果你从父母的音乐收藏中找到了黑胶唱片，你也可以用它做相同的实验（这样就需要更多橡皮泥），因为唱片比光盘更重，角动量会增加更多，而且圆珠笔会旋转得更久。

生活中的科学

即使你不知道角动量这个科学术语，你也可能已经在骑自行车的时候发现了它的存在。你有没有发现，在车速相同的情况下，大自行车比小自行车更稳定？这是因为大自行车车轮的半径更大。

发射火箭

你是不是听到别人说过许多次："好吧，这又不像发射火箭那么难。"这个实验就是关于发射火箭的。一定要到户外宽敞的地方去，这样你就可以在结束的时候欢呼一句："成功！"

1

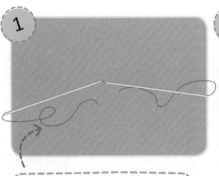

把两根吸管穿在一条细线上。

2

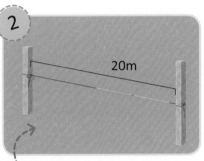

20m

把细线系在两个结实的物体上，比如两棵树或者高高的杆子。确保细线绷紧了。

3

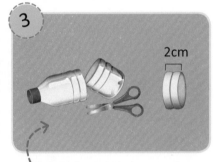

2cm

在塑料瓶的中间位置剪下一圈约2cm宽的塑料环。

4

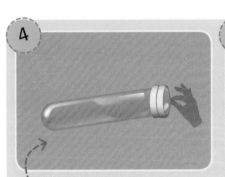

吹一只气球，并且捏住吹气口；然后把它塞进塑料环。

5

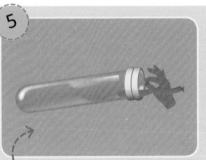

把第一只气球的吹气口贴紧塑料环的同时，并把第二只气球塞进塑料环。

6

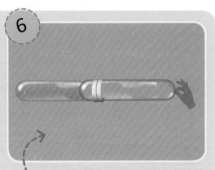

现在把第二只气球吹起来。当第一只气球的吹气口已经被第二只气球牢牢地挤在塑料环里时，就松开它。捏住第二只气球的吹气口。

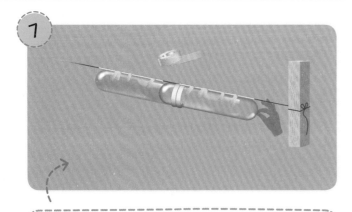

7

用胶带把两只气球粘在吸管上（保持吸管在细线上仍可以自由滑动），把气球拉到细线的一端。

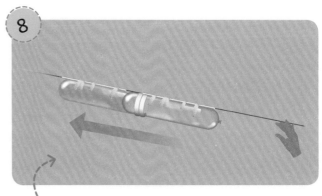

8

放开气球，看着你的火箭在细线上快速前进。

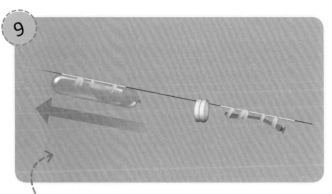

9

在细线上前进到一半，第一级（第二只气球）就被抛掉了。

在挂起细线时，一定要小心；别人可能因为没有看到它而受伤。

这是为什么呢？

好了，看起来你已经掌握了火箭科学。它运用了牛顿第三运动定律，即每个作用力都会产生方向相反和大小相等的反作用力。放开气球意味着气球内部的高压气体会从气球吹气口冲出。这种运动，或者说"作用力"，引起了相反的"反作用力"——使气球前进的力。第二只气球释放气体时，它就松开了第一只气球的吹气口，于是相同的作用力——反作用力又使第一只气球前进了。

小提示

当你把火箭拉到细线一端时，要保证气球吹气口的一端朝向后方，这样火箭才能前进！

绷紧细线，并且使其与地面平行时，实验效果最好。这样会减小轨道的摩擦力，火箭会前进更远的距离。

举一反三

如果你的帮手足够多，你能制造出三级火箭吗？把宇航员送上月球的就是三级火箭。你怎么决定哪一只气球是第二级，哪一只是第三级呢？

生活中的科学

现在，你一定能想到航天火箭运用的是相同的原理。当然，它们使用了特殊的燃料，比如液态氢，但是它们也是根据牛顿运动定律设计的。现在，你已经发射了自己制造的火箭，你的下一站是火星吗？

电与磁

掌握隐藏在你指尖和周围的电与磁的力量，你眼中的世界会变得比现在还要奇妙。

用气球为电灯泡供电！（第26页）

频 闪

你喜欢看电视吗？你知道电视其实一直在闪烁吗？为什么有时我们会觉得电视里的汽车车轮的转动方向跟前进方向相反呢？试一试下面这个小实验吧。

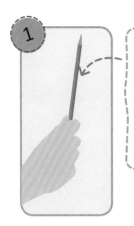

1 请一些朋友坐在电视前。像握着魔杖一样握住铅笔。

2 关闭电视，在屏幕前左右晃动铅笔。你的朋友们只能看到模糊一片。

3 现在打开电视，在屏幕前左右晃动铅笔。

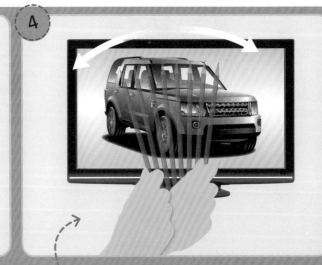

4 虽然铅笔一直在晃动，但看起来却断断续续的。你的朋友们仿佛看到一些静止的铅笔"卡"在屏幕前。

这是为什么呢？

电视把电信号转换成我们能感受的形式。我们看到的变化的影像其实是一连串迅速出现的静止画面。电视每秒会播放大约30个画面。也就是说，电视画面是以每秒30次的周期在闪烁的。在这个实验中，当你在屏幕前迅速摆动铅笔时，如果铅笔的摆动与屏幕闪烁的节奏大体一致，一次闪烁的图像（铅笔在这静止图像的前面）就会留在你的脑海中。

小提示

铅笔匀速摆动时，效果是最好的。

生活中的科学

在电视屏幕迅速闪烁的光照射下，我们观察到的铅笔摆动运动显现出不同于其实际运动的现象，这就是频闪效应。在看电视时，我们有时会觉得汽车车轮的转动方向跟前进方向相反，也是这个原因。频闪效应可以运用于摄影或电影制作，工程师还利用这个效应来检查高速运转的机器。另一方面，频闪效应对人们工作和生活也有一定的影响，如错觉引发事故，严重的频闪引发视觉疲劳、损伤视力等。

举一反三

现在你已经知道电视播放的是一连串静止的图像。让成人把风扇放在电视前，然后让风扇以不同的速度转动。如果它的扇叶转动频率刚好是电视闪烁频率的倍数，那么你甚至会看到扇叶仿佛没有转动一样。你觉得这是为什么呢？

静电发光

别谦虚，你很聪明，不是吗？不过你能不能只用自己的头点亮灯泡呢？虽然你现在还不能帮父母节省所有的照明开支，但是这个实验的结果还是会让你大吃一惊。

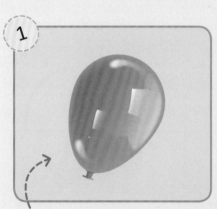

1 把气球吹起来并系紧。

2 把气球在你的头发上反复摩擦大约30秒。

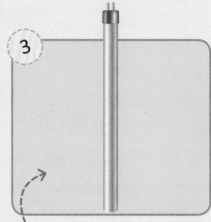

3 竖直握住荧光灯，两只金属脚朝上。关掉房间里的灯。

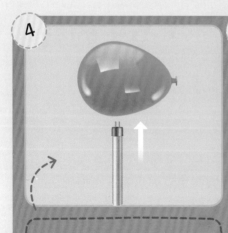

4 让气球（摩擦过的那面）接触金属脚。

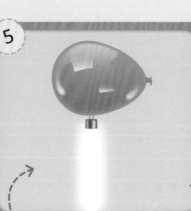

5 气球碰到金属脚之后，荧光灯就亮了。

握紧荧光灯，确保它不会倒下来摔碎。

26

这是
为什么呢?

电子能从一个物体转移到另一个物体上,可以通过导线,也可以直接"跳跃"。当你摩擦气球时,你就使头发里的一些电子"跳"到了气球表面。气球的这一面就有了负电荷。这些负电荷接触荧光灯的金属脚时,一小股电流通过灯管,荧光灯便被点亮了。

小提示

如果你没有荧光灯,可以让成人从家里找一个给你做实验用。

生活中的科学

举一反三

想象一下你有足够的耐心(和力气)把气球在头上摩擦三分钟。你知道摩擦了30秒的气球都能制造出光亮,那么摩擦时间更久的气球会不会有更强劲的电力,使荧光灯更明亮呢?试着预测一下将会发生什么,然后就开始摩擦吧!

你看到了,"摩擦"一下就能点亮荧光灯。那么你一定能理解为什么荧光灯是现在使用较多的一种灯。早期的白炽灯泡需要加热金属钨丝才能发光,消耗的能量比荧光灯多得多。

酸味电池

假设现在正是炎热的夏夜，雷雨导致了停电。我猜这时候你能做的只有打开冰箱，拿出制冰格，用它照亮房间了。什么？也许不能照亮房间，但是它能照亮一些东西。方法就在下面。

你需要

- 塑料制冰格
- 80mL 的醋
- 5根裸露的铁钉（大约 5cm 长）
- 发光二极管
- 5根铜质电线（大约 10cm 长）
- 强力剪刀或者钢丝钳
- 直尺

1

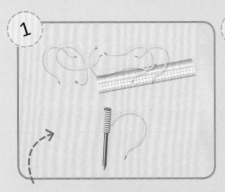

把一根电线卷在一根铁钉上，从钉帽下方开始卷，留出5cm长的电线不卷，露在外面。

2

重复步骤1，把其他的电线也都卷在铁钉上。

3

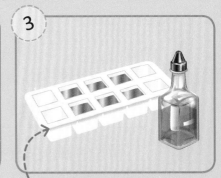

在制冰格的6个格子（两排，每排3个）中装满醋。

4

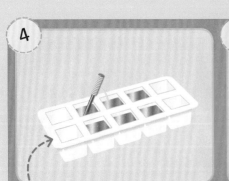

把一根铁钉放在其中的一个格子里，把多余的电线放在下一个格子里。

5

重复步骤4，把所有的铁钉都放入格子。最后你会看到第一个格子里只有铁钉，而最后一个格子里只有电线。

6

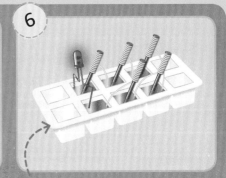

小心地把发光二极管的一根电线放在第一个格子里，另一根电线放在最后一个格子里。二极管应该亮了。

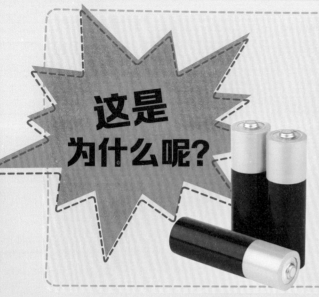

这是为什么呢?

你可能注意到了铁钉和电线是首尾相连的,你可以把它称为电路,就像环形赛道一样。你的电路和电池里使用的电路类型一样:电池中两种不同的金属放在一种酸性物质里,你也在一种酸性溶液(醋)里加入了两种金属(铜质电线和铁钉)。电路中的电流从一根电线经过醋到达另一根铁钉,然后再通过电线和醋到达另一根铁钉,依此类推。电流的能量足以点亮二极管。

举一反三

醋是很好的电导体。醋的酸性在电池中起了很大作用。你也可以用家里能找到的其他液体,比如柠檬汁、水或者食盐水。哪一种会成功?哪一种会失败?你能找出原因吗?

小提示

确保醋中的铁钉和电线不要触碰到一起。

生活中的科学

电池为生活中的许多东西供电,从手机到笔记本电脑,再到电动汽车。工程师一直在研究如何能让电池供电时间更长,以及如何能让电池更轻更小。

土豆能量

如果你计划去幽深黑暗的洞穴探险，你不会想到带土豆和钉子吧？但如果你知道它们都储存着什么，你也许会再考虑一下，因为它们很可能会"点亮你的一天"。

你需要

· 大土豆
· 3根双头鳄鱼夹导线
· 砧板
· 刀
· 2枚5角硬币（或者其他铜币）
· 2根镀锌铁钉（每根6～7cm长）
· 发光二极管

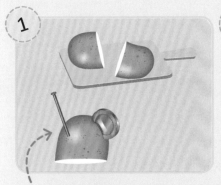

1 把土豆切成两半，然后把两块土豆平的那面朝下放在砧板上。把一根镀锌铁钉和一枚硬币按压进其中一块土豆，同时确保它们没有相碰。

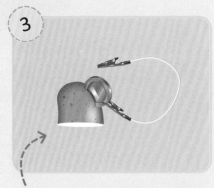

2 把一根双头鳄鱼夹导线的一头夹在镀锌铁钉上，第二根双头鳄鱼夹导线的一头夹在硬币上。

3 把第三根双头鳄鱼夹导线的一头夹在第二枚硬币上。把硬币按压进另一块土豆。

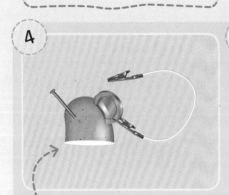

4 把第二根镀锌铁钉（上面没有鳄鱼夹）插进第二块土豆，同时确保它没有碰到硬币。

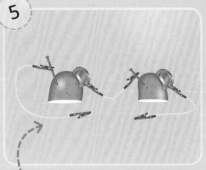

5 用双头鳄鱼夹导线把第一枚硬币和第二根镀锌铁钉连接起来。

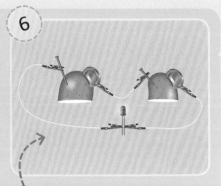

6 把剩下的两根双头鳄鱼夹导线分别和发光二极管的两根引线连接，二极管就亮了。

这是
为什么呢?

在电解液中,只要放入两种不同的金属,就能做成电池。在这个实验中,土豆提供反应所需要的电解液,镀锌铁钉和铜币则是两种金属。把镀锌铁钉和铜币插进土豆,就组成了电池,再与二极管连起来,构成了一个简单的电路,二极管就亮了。

小提示

如果发光二极管没有亮,就把弹簧夹夹在相反的电线上。这就像是你把电池方向放反了。

生活中的科学

举一反三

还有其他酸性的果实也能制作类似的"电池"。你可以用柠檬、苹果或番茄。看看哪一种蔬果的效果最好。和土豆的效果比较一下,在比较之前最好把灯关上。

这个实验需要使用镀锌铁钉。镀锌是一种给铁或者其他材料表面镀一层锌的工业技术。你的实验之所以能成功,是因为在土豆里发生了化学反应,释放出电子。而镀锌则是一种阻止化学反应发生的方式。它是铁和其他材料的保护层,阻止它们和空气中的氧气发生反应,于是镀锌的铁就不易生锈了。

滚动的汽水罐

在游戏的时候，你更容易理解科学原理。一些科学原理可能很复杂，你看到的实验却很有趣。你想理解负电荷吗？那就用一个汽水罐来做下面这个实验吧。

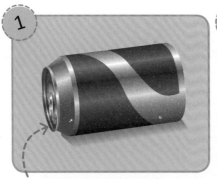

1 把空的汽水罐平放在地上。

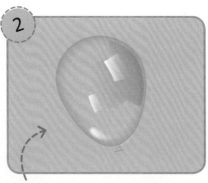

2 吹起气球，并且把它系紧。

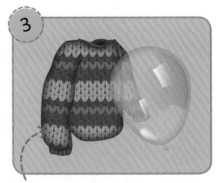

3 把气球在你的头发或者毛衣上快速摩擦15～20秒。

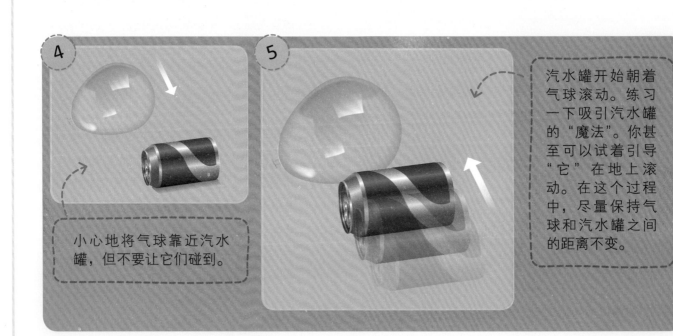

4 小心地将气球靠近汽水罐，但不要让它们碰到。

5 汽水罐开始朝着气球滚动。练习一下吸引汽水罐的"魔法"。你甚至可以试着引导"它"在地上滚动。在这个过程中，尽量保持气球和汽水罐之间的距离不变。

这是为什么呢?

所有的物质，不论是睡袋还是比萨，都是由小小的带电粒子组成的。这个小实验是静电存在的一个实例展示。静电是指处于静止状态、不流动的电荷。气球在头发或毛衣上摩擦后，带上了大量的负电荷。汽水罐由金属制成，是一种导体。当带有大量负电荷的气球靠近不带电的汽水罐时，就会出现静电感应现象。汽水罐上靠近气球的部分会带上正电荷，正电荷与气球的负电荷相互吸引，自然就会出现汽水罐跟着气球滚动的情形了。

小提示

你一定不想跟另一种力——摩擦力对抗，所以要确保地面相对光滑。

举一反三

你可以用同样的方法使水改变流动的方向。把气球在你的头发上摩擦，使它带上负电荷，然后把它慢慢地靠近水龙头的（稳定但不迅速的）水流。你会看到水流偏向气球。

生活中的科学

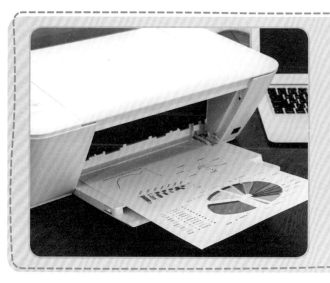

静电无处不在。你的电脑屏幕有静电，所以会吸附灰尘。当你从地毯上走过去，再摸一下金属物品，可能会突然被电一下，这也是静电。科学家和工程师能利用静电进行发明创造，如从排气管中捕获烟尘颗粒，用激光打印机将墨水印在纸上等。

磁力早餐

许多谷物早餐的广告都声称它们含有有益身体健康的维生素和矿物质。好吧，它们确实是维生素和其他营养的来源，但它们真的含铁吗？有没有辨别的方法呢？你可能想试试下面这个方法。

1 倒一些谷物早餐在大碗里。

2 把谷物早餐放入食物加工机。

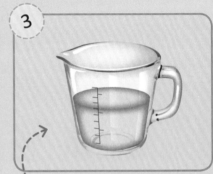

3 在量杯里倒入250mL的热水。

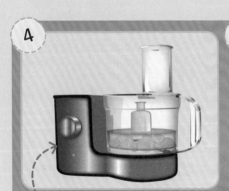

4 把热水倒入食物加工机。

5 打开食物加工机，搅拌约30s，使谷物早餐加工成谷物糊。

6 把谷物糊从食物加工机倒入大号密封袋中。

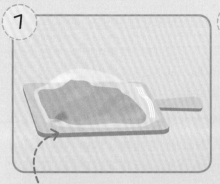

7

小心地把密封袋放在砧板上，慢慢地按压，按压时确保谷物不要溢出来。

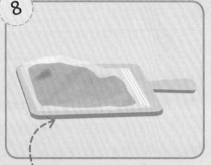

8

在让它完全铺平之后，把空气排出，然后把密封袋封起来。

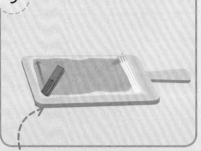

9

用条形磁铁按住密封袋的一角，缓慢地把它往另一侧推；在这个过程中保持磁铁紧紧按住密封袋。

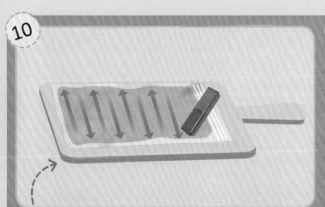

10

花几分钟，让条形磁铁来来回回在密封袋上走一遍。

11

靠近密封袋的另一头时，把条形磁铁轻轻提起来。密封袋的一部分可能会粘在条形磁铁上，因为含铁的小颗粒在密封袋里面被条形磁铁吸引了。

小提示

白色或者淡色的砧板实验效果最好。

如果你没有食物加工机，你可以把谷物和水的混合物倒进密封袋，把袋子密封起来，挤压它，直到它变成糊状。

谷物早餐的制造商不可能将大块的铁直接放进去，那样你吃的时候会被呛到，而且你肯定不会喜欢铁块的味道。所以铁会被磨成粉状。一般情况下我们是看不见这些铁的，但是把谷物早餐做成糊状就更容易把铁从谷物中分离出来。在条形磁铁来回移动时，那些铁颗粒会越聚越大。最后，你可能会看到一个像针头一样大小的小球。

这是为什么呢?

举一反三

你在这个实验中获得了一些铁——用条形磁铁从谷物糊中分离出来的铁颗粒。你可以试试不加水来做这个实验。你觉得这样能找到更多的铁，还是更少的铁呢? 或者用冷水呢? 预测结果，然后验证一下。

生活中的科学

铁是最重要的营养物之一，能帮助我们的身体更好地运作。它使我们更容易吸收其他营养中的能量，保持负责运输氧气的红细胞的健康。我们需要从食物中获取铁。一些食物（比如谷物早餐）加入了铁，以防止你没有摄入猪肝或菠菜这些含铁的食物。

自制指南针

你一定知道地球的南北极吧！那么你听说过地磁极吗？地球本身是一个巨大的磁体，在南北极附近各有一个磁极（实际上是两个小区域），称为地磁极。那么，我猜你肯定能明白在接下来这个小实验里我们做的指南针实际指向的是哪里。地理北极？还是地磁北极？

1

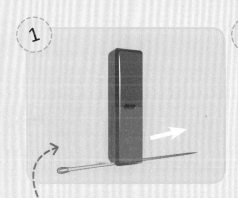

一只手拿着针，用磁铁的一极朝着同样的方向摩擦五下。

2

1 cm

让成人帮你把软木塞切成1cm厚的圆盘。

使用刀、剪刀和针的时候要小心！

3

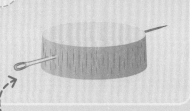

小心地把针插进软木塞圆盘，经过圆盘的中心。

4

在卡纸上剪一个圆，圆的直径比针的长度稍微短一点。

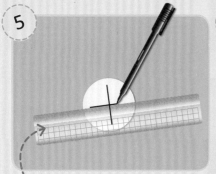

5

用直尺在圆纸的中心画两条互相垂直的线。

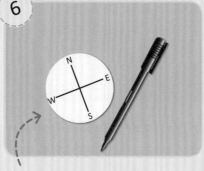

6

在一条线的一端标注"N"（北），另一端标注"S"（南）。另一条线的两端分别标注"E"（东）和"W"（西）。

7

在水槽中注满水，小心地把软木塞放在水面上。

8

针的一端会指向北方。

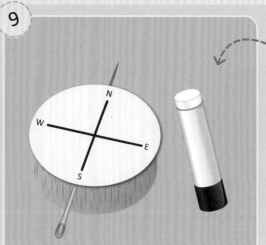

9

把圆纸贴在软木塞上面，使"N"和针指"北极"的方向一致。

小提示

在步骤1中，每次摩擦后，将条形磁铁从针上拿起来，再把它贴紧你一开始摩擦的那一端，接着摩擦。

如果你不知道自己房子的朝向，记住太阳从东边升起，西边落下。

这是为什么呢？

用条形磁铁摩擦针会使针"磁化"，短时间内把它也变成磁铁。由于磁铁之间会发生相互作用（你有时候很难把两块磁铁拉开），磁化的针也会开始起作用。它和更大的磁场发生了相互作用：环绕着地球的磁场。由于磁铁同极相斥、异极相吸，所以你的指南针会指向地磁北极（实际上是磁场南极）。地理北极是所有经线的起始点，实际中很难测量，所以我们在日常生活中常用的都是地磁北极。幸而尽管两者并不完全重合，但也十分接近。

举一反三

一段时间后，磁化的针会失去磁力。不过，你可以尝试不同的方法使它的磁力保持更长的时间。如果摩擦针的时间更长会不会起作用？用磁性更强的磁铁来摩擦呢？结果跟你预想的一样吗？

生活中的科学

令人着迷的极光就像夜空中奇幻的烟火表演。你知道极光是怎么产生的吗？极光是由太阳风引起的。太阳风是来自太阳的带电粒子流。当太阳风到达大气层时，被地球磁场捕获。有些带电粒子在磁极附近穿过了大气层，它们使大气分子或原子激发（或电离），发出美丽的亮光。

灵活的开关

节能环保，人人有责。节能，你可以从检查家里的开关开始。接下来的实验将让你"跟随电流"去探索使用开关时发生了什么。

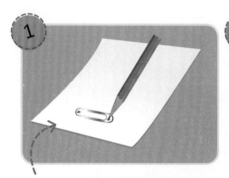

1 把回形针放在卡纸上。用铅笔在回形针的环内标注出它的两端。

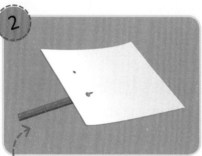

2 在标注的位置戳个洞。

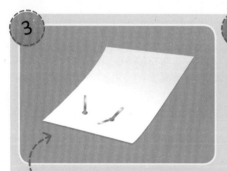

3 把两个金属纽扣型纸夹分别穿进两个洞中，然后打开它们的两翼。这张卡纸和金属纽扣型纸夹的组合就是你的开关。

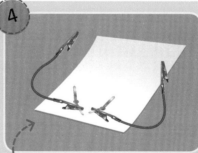

4 在每个金属纽扣型纸夹的其中一翼上连接一根双头鳄鱼夹导线的一头。

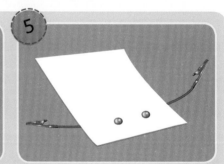

5 把开关翻过来，平放在桌子上。

6

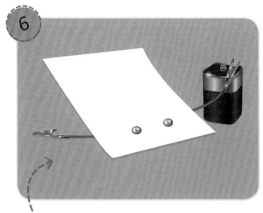

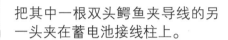

把其中一根双头鳄鱼夹导线的另一头夹在蓄电池接线柱上。

7

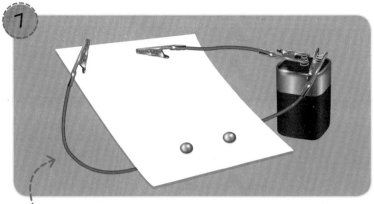

把第三根双头鳄鱼夹导线（没有夹在开关上的）的一头夹在蓄电池的另一个接线柱上。

8

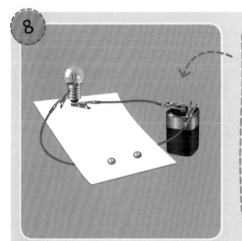

让一位朋友扶住灯泡。用一根双头鳄鱼夹导线的一头接触灯泡的底部，另一根双头鳄鱼夹导线的一头接触灯泡的金属侧边。灯这时还不会亮。

9

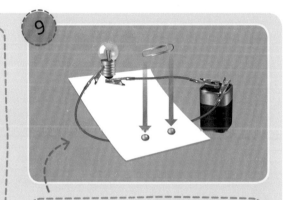

让另一位朋友把回形针放在开关上，同时触碰到两个金属纽扣型纸夹。

10

灯亮啦！

你可以戴上橡皮手套以防万一。不过这个实验里的电压是很低的。

这是为什么呢?

你刚才制作了一个电路!你还展示了电路断开之后发生了什么。记住,电子能从一个物体流向另一个物体,只要这些物体是导电的(允许电子通过)。电路就是由金属导线、电器等组成的导电回路。回形针由金属制成,是一种导体,所以当回形针连接了卡片上的两个金属纽扣型纸夹时,它就使电路变得完整,于是灯泡就亮了。把它移走之后,灯泡就灭了。

小提示

如果你觉得用鳄鱼夹触碰灯泡太麻烦,可以使用灯座,在网上和一些商店能够买得到。

生活中的科学

我们每天都在使用开关。实际上,即便是不理解电路原理的人也会把这种设备叫作开关。这个实验操作起来是安全的,因为电压很低。不过当成人用开关切断高压设备的电源时可不能大意,这可是关乎生命的。

举一反三

如果有足够多的灯泡、鳄鱼夹导线和帮手,你还可以在电路里加入更多灯泡。所有的灯泡亮度都会一样吗?试一试,先推断结果,然后记录结果。

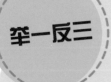

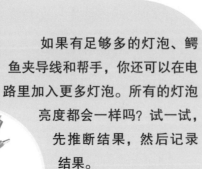

声与光

有时，事物并不完全是你所感受到的样子。你有没有想过设法减小光速或者制作一盏有趣的冰灯呢？准备好接受惊喜吧！

测量不同颜色的光的温度。（第48页）

减小光速

科学家告诉我们，没有其他物体运动的速度比光速更大——它是整个宇宙的速度极限！但是你能让光速变得小些吗？快去找找答案吧。

1 测量找到鞋盒上面积最小的一个面的正中央，并用竖线标记。

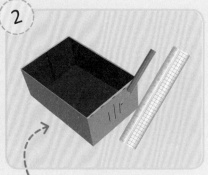

2 在第一条竖线两侧再各画一条约3cm长的竖线，平行线之间的距离约为2cm。

3 将鞋盒放在平整的表面上，开口朝上。让成人用剪刀或者小刀割开两侧的垂直线，这样鞋盒上就有缝隙了。

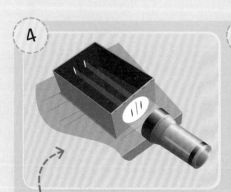

4 让房间暗下来，打开手电筒，朝着缝隙照射，观察光是如何穿过鞋盒里面的。

5 将玻璃杯装满水，放进鞋盒里，恰好在两条缝隙后面。

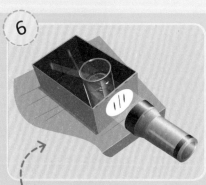

6 重复步骤4。

这是为什么呢?

光有最大速度,但是没有最小速度。这就意味着当它穿过不同物体的时候有着不同的速度。像步骤4中,只是穿过空气,光似乎没有受到影响,这就是为什么光带仍旧是平行的。但是当光穿过水的时候,光速减慢了,光弯曲了。你可以看看光是怎么改变方向的——这个过程叫作折射——步骤6中光束就是这么穿过玻璃杯的。

小提示

试着将这杯水靠近或者远离缝隙,更清楚地看到经过的光束。

举一反三

你可以测试不同物体的折射情况。首先,可以用不同的液体进行尝试:比如,当光穿过食用油的时候,有不同的表现吗?穿过温水的时候呢?如果玻璃杯更厚呢?试着预测光在这些不同的情况下会有什么表现。

生活中的科学

透镜是曲面的透明物质,比如眼镜镜片。眼镜镜片的厚薄情况决定了穿过的光速度减小了多少,以及改变方向的程度。中间更厚的镜片(凸透镜),将光聚集在一个点上。边缘更厚的镜片(凹透镜),把光发散开来。

小提示

保证手电筒的光圈足够宽,能够完全覆盖两条缝隙。

声音消失了

竖笛以及有条不紊的步伐跟微波炉有什么关系呢？实际上，通过这个实验你会发现它们的关系可不一般。实验需要一个空旷的大房间，学校的体育馆就是一个很好的选择。

你需要

· 空旷的大房间（比如学校的体育馆）
· 2根竖笛
· 20张扑克牌大小的纸片
· 铅笔
· 几位朋友（其中2位会吹奏竖笛）

1

一半纸片上写上"响亮"，另一半纸片上写上"轻柔"。给每一位朋友一定数量的上述两种纸片。

2

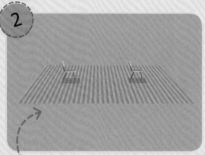

将两把椅子摆在房间的中间，前后相隔约5步的距离。

3

让两位会吹奏竖笛的朋友坐到椅子上。

4

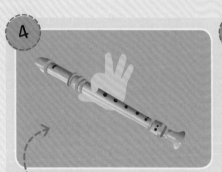

让他们各自吹奏同一个音，如7（xi），并且尽量延长笛声。

5

你和其他朋友绕着他们两人在房间走动，仔细听笛声是否响亮。每次吹奏竖笛的朋友停下来换气的时候，所有人都要停止走动。

6

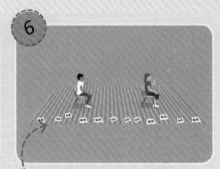

每当感觉笛声响亮的时候，放一张写着"响亮"的纸片在地上；感觉笛声轻柔的时候，放一张写着"轻柔"的纸片在地上。

这是为什么呢？

声音跟其他一些形式的能量一样，是以波的形式传播的。你甚至可以想象一下这些波就像拍打沙滩的海浪一样。每一个波的最高点叫作波峰，最低点叫作波谷。如果第二个波的波峰和第一个波的波峰相遇，该点的强度就会增加。如果第二个波的波峰和第一个波的波谷相遇，该点的强度就会相互抵消。声波也是一样，实验中你和朋友们能找到哪里是波峰相遇的地方（声音响亮、清晰），哪里是波峰与波谷相遇的地方（声音减弱的"盲区"）。

小提示

很重要的一点是两位吹奏竖笛的朋友不仅要吹奏同一个音，还要尽量保持同样大小的音量。

举一反三

更大的场地是否也是如此呢？答案是，是的。在演唱会上，如果因为声波的干扰出现"盲区"，那个区域的观众恐怕都要生气了。因此，建筑师和工程师在设计演唱会场馆和剧院时，就会通过改变大小以及形状，从而避免出现声音"盲区"的情况。

生活中的科学

除了声音，光、无线电以及各种辐射也都是通过波来传播的。你是不是好奇为什么有些微波炉里面有个旋转的工作台？那是为了确保不会出现电磁波互相抵消的盲区，从而导致食物没有熟透的情况。

光的温度

艺术家们有时候喜欢把颜色分为暖色和冷色，但是这样的描述真的有科学依据吗？想象一下，你是否能够测出不同颜色的光的温度？试试这个实验吧。

你需要

- 棱镜
- 黑色胶带
- 靠墙的桌子（必须靠近窗户）
- 白纸
- 液体温度计（不是数字温度计）
- 胶带
- 记录数据的纸笔

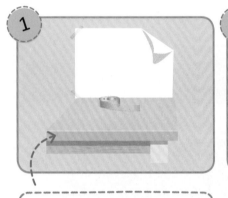

1 在墙上贴一张白纸。

2 用黑色胶带包住液体温度计底部的玻璃泡。这样可以帮助它吸收更多热量，得到更加显著的结果。

不要直视太阳，通过棱镜或者其他东西观察阳光。

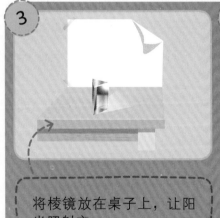

3 将棱镜放在桌子上，让阳光照射它。

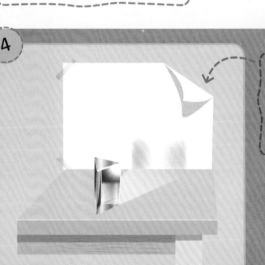

4 移动棱镜直到白纸上出现清晰的光谱（彩虹的颜色）。

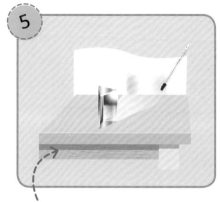

⑤ 将温度计贴在白纸上，然后水平移动，直到温度计的玻璃泡刚好处在光谱的蓝色光区域。

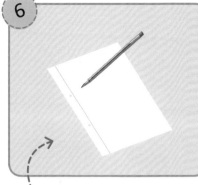

⑥ 保持一分钟，然后记下温度计的示数。

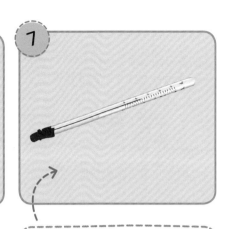

⑦ 将温度计拿走，静置一段时间，让它恢复到室温。

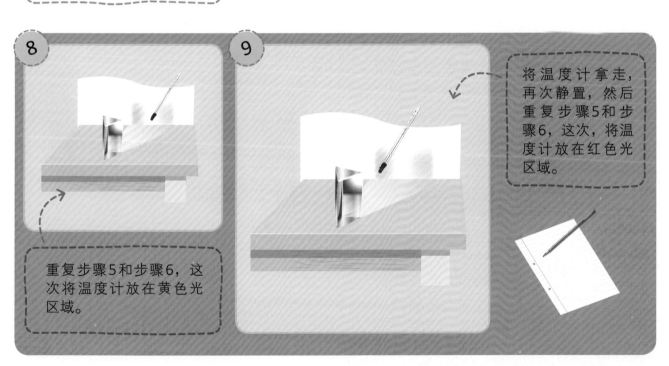

⑧ 重复步骤5和步骤6，这次将温度计放在黄色光区域。

⑨ 将温度计拿走，再次静置，然后重复步骤5和步骤6，这次，将温度计放在红色光区域。

小提示

一般来说，实验效果是很明显的，不过在晴天阳光最强的时候做实验，效果才是最好的。

这是为什么呢?

牛顿首先证实了我们所说的白色光实际上是由多种不同颜色的光组合而成的。白色光通过棱镜后分解成了各种颜色的光。我们都知道,在户外日光会带来热量,那么哪一种颜色的光会带着更多的热量呢?在实验中,你会发现将温度计从蓝色光区域移动到红色光区域之后,示数变大了(温度升高了)。

举一反三

威廉·赫歇尔是第一位测量光谱中不同颜色的光的温度的科学家。他还做了其他的实验——当然你也可以尝试:跟前三步一样,你可以再测一次温度,但是这次将温度计直接移至红色光区域的右侧。你发现了什么特别的现象吗?

小提示

棱镜越接近墙面,呈现的光谱会越清晰,你测量的温度也会更准确。

生活中的科学

牛顿的发现固然重要,但是赫歇尔对于红色光区域右侧温度更高的发现,第一次证实了有些形式的光是肉眼不可见的。他发现了——也许你也已经测出来了——红外线。红外线以及其他形式的肉眼不可见的光在医学上有许多非常重要的应用,同时也被运用到了许多日常生活用品中,比如遥控器。

持久印象

也许你常听人们说："某本书（或者某部电影）给我留下了持久的印象。"虽然这只是一个比喻，但是你可以通过下面这个简单的实验创造出真正的持久印象。而且，你会了解大脑如何处理眼睛所看到的事物。

1 剪出一块约扑克牌大小的硬纸板。

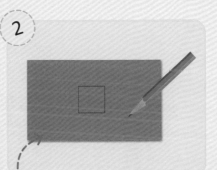

2 在硬纸板正中央画一个边长为2cm的正方形。

确保手电筒的光不能太强。如果眼睛感觉到疼痛，要换一个光线更弱的手电筒。

3 在铅笔画好的正方形内剪出一个五角星。

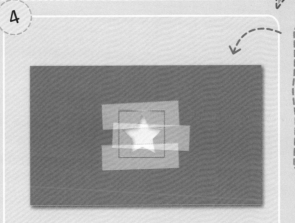

4 在硬纸板上剪下图形的地方两侧都贴上隐形胶带。

5

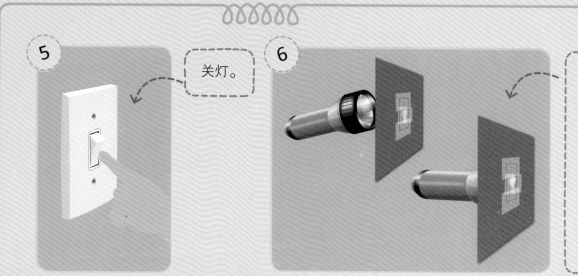

关灯。

6

将手电筒正对着贴着隐形胶带的洞，你可以用手拿着硬纸板或者把它贴在手电筒上进行固定。

7

举起手电筒和硬纸板，伸长手臂，保持这个姿势，目不转睛地盯住灯光约30秒。

8

开灯，盯住空白墙面，眨几下眼睛。你会看见一个黑色图形，跟步骤7中看到的形状一模一样。

小提示

确保硬纸板足够大，能够完全挡住手电筒的光。

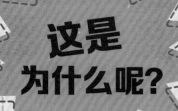

这是为什么呢?

人们的视网膜位于眼球的后壁部,视网膜上含有许多对光敏感的细胞,这些细胞会将进入眼睛的光信息传递给大脑。但是接收了强光(比如透着亮光的图形)的部分视网膜敏感度下降。所以当你看墙面的时候,那部分视网膜就不会对进入的光做出反应,产生了没有灯光或者是一片黑暗的"印象"。随着这部分视网膜重新适应,这个"印象"会在大约30秒后逐渐消失。

举一反三

你会不会觉得是视网膜或者大脑在恶作剧呢?那就再做一次实验,但是在看透光图形的时候,请闭上一只眼睛。然后在看墙面的时候,闭上另外一只眼睛(就是刚才看透光图形的那只眼睛)。这次你看不到"持久印象"了,因为这只眼睛的视网膜并没有受到影响。

生活中的科学

科学家对于人类和动物的眼睛的工作原理有着浓厚的兴趣。像这样的实验与其他更多复杂的医学研究相关,尤其是关于视网膜上的感光细胞如何帮助我们区分颜色以及在黑暗中看清物体这方面的研究。

螺帽的声音

你需要

· 气球（泪滴形状，不要太长也不要太窄）
· 六角螺帽（直径约6mm）

下面这个简单的实验用来解释螺帽是如何发出声音的。这也许是本书中最简单的实验，但是它跟许多复杂的发明有关。

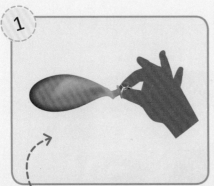

1

将螺帽小心翼翼地放进气球内。

2

用手捏住气球吹气口，然后轻轻晃动它，确保螺帽滑到气球最底部。

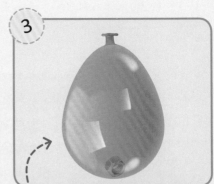

3

吹起气球，打结系紧。

4

手指朝下，捏住气球打结的地方。

5

让气球转圈，直到气球内的螺帽也开始转圈。

6

仔细听气球内发出的怪异又刺耳的声音。

54

这是为什么呢？

通过这个实验，你一下子接触到了两个科学小知识！第一个解释了六角螺帽如何在气球里面转圈。是向心力将螺帽向内推并且防止它沿直线飞出。第二个是关于声音本身的。随着螺帽加速运动，它的六个角不断地轻轻敲打气球。每次敲打都产生一次振动，通过空气传播出来。由于这个声音的频率很高，所以听起来就像是可怕的尖叫声。

小提示

如果手朝下，用手指握住气球打结的地方，你会发现旋转气球会变得更容易。

举一反三

衡量声音的一个物理量是频率——单位时间完成了几次振动。一旦你掌握了转动气球的窍门，就可以尝试让螺帽飞得更快或者更慢些。预测你会听到什么，再（通过听）来验证你的预测是否正确。

生活中的科学

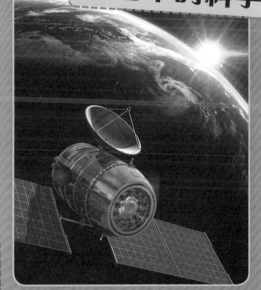

卫星围绕地球转动运用的是同样的力量。像螺帽一样，卫星转得很快，如果没有重力把它向内拉，它就会飞向外太空。如果气球爆炸，不再将螺帽向内推，螺帽就会飞离它的轨道。

看见声音

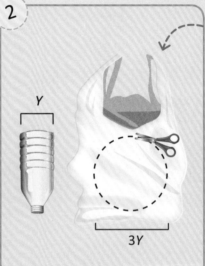
你需要

- 空的2L装塑料瓶
- 剪刀
- 手提塑料袋
- 橡皮筋
- 小蜡烛
- 桌子
- 火柴
- 尺子

　　如果你可以看见声音，那么你眼中的世界将会变得非常有趣吧。这个想法是不是很疯狂？毕竟声音源于物体的振动，是通过我们的耳朵来接收的。那么有什么方法可以看见这些振动呢？为什么不找找看呢？

1

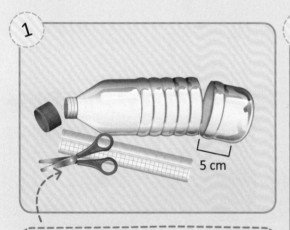

5 cm

让成人沿着距离瓶子底部4～5cm的地方将塑料瓶剪开。

2

在手提塑料袋上剪出一个圆片，直径是塑料瓶直径的3倍。

Y

3Y

3

将剪下的塑料片放在瓶底上方（刚才剪开的地方）。

4

将橡皮筋绕在塑料瓶底部，这样塑料片就被紧紧地固定住了。

5

轻轻地拍打塑料片——你会听到类似击鼓的声音。

6

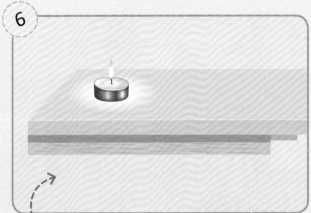

将小蜡烛放在桌子上，让成人将它点燃。

7

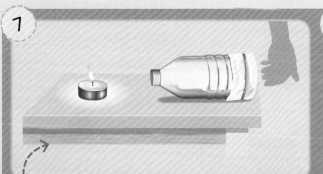

将塑料瓶的瓶口朝向小蜡烛，再轻敲另一头。

8

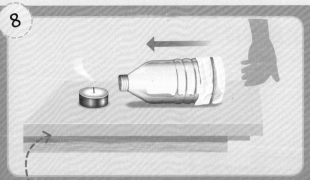

如果小蜡烛没有熄灭，移动塑料瓶，使它离小蜡烛更近些。

让成人剪开塑料瓶，点燃蜡烛。

小提示

如果塑料瓶底部的塑料片绑得不够紧，可以用橡皮筋绕两圈（绑得更紧）或者用稍微小一点的橡皮筋。

这是为什么呢？

你肯定已经知道，声音实际上源于物体的振动，通过介质（比如空气）传播。我们的耳朵接收到声音后经过加工，以电信号的形式传递给大脑。千万记住那些振动实际上就是波。海边每个即将到来的海浪都会将海中的你推向海岸。你通过拍打塑料片产生的声波也具有一定的推力。在这个实验中，那种推力就足够让移动的空气熄灭蜡烛。

举一反三

你可以按比例放大器材，尝试同样的实验，这样所有的效果都会变大。看看能不能找到一个废弃的（但是要干净的）塑料垃圾桶，让成人在底部挖一个大洞。用塑料片盖住这个洞并用绳子固定好——就跟之前用塑料片和橡皮筋一样——然后将垃圾桶的另一头对准蜡烛。你就能在更远的地方将火焰熄灭。

生活中的科学

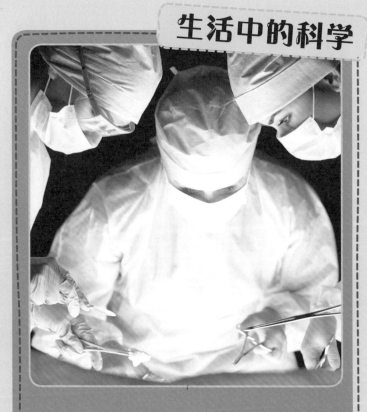

科学家在不断地研究声波以及声波产生的推力的新应用。通过将波聚集到一个特定方向，可以让物体飘浮起来或者在某个表面移动。相信声波很快就会有更多新的应用，比如在医疗方面提供一种新的手术方式。

冰灯

科学实验中常常有假设——关于实验中会发生什么情况的预测。在这个实验中，当光穿过冰块的时候，你觉得会发生什么呢？让我们快去找找答案，亲眼看看吧！

你需要

- 发光二极管
- 2根40cm长、外皮绝缘的细铜线
- 气球
- 夹子或者30cm长的细绳
- 绝缘胶带
- 水
- 冰箱
- 电池

1

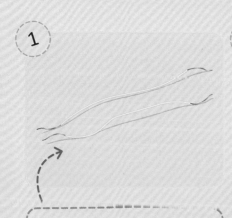

让成人把每根铜线的两头分别剥去3cm的塑料外皮。

2

发光二极管的两个接口各连接一根铜线。

请一位成人帮忙一起完成实验！

3

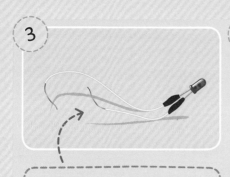

用绝缘胶带包住每个接口，确保安全。

4

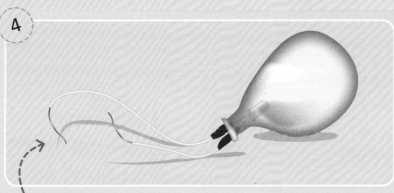

小心地将发光二极管插进气球里，把两根铜线露在外面。

5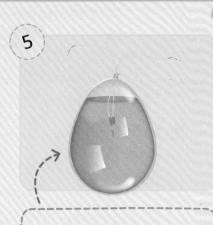

把气球灌满水。

6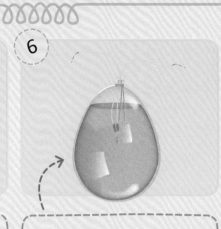

用细绳系紧气球（或用夹子夹紧）。

7

将气球小心地放入冰箱，保持竖直不漏水，24小时后再拿出来。

8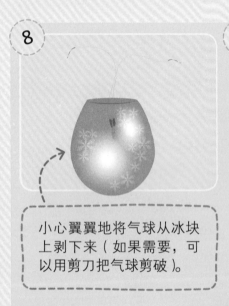

小心翼翼地将气球从冰块上剥下来（如果需要，可以用剪刀把气球剪破）。

9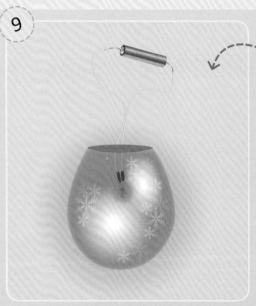

将铜线分别连接到电池的两端。这盏灯就会发出有趣的光。

小提示

你会发现如果先把气球吹起来，再放掉气，然后再把发光二极管插进气球会更容易些（因为这样能让气球更加松弛）。

如果在黑暗的房间测试这个结果，效果会更好，但是得确保你能稳稳地拿住冰灯。

这是为什么呢?

将发光二极管连接到电源当然是一个很好的电流演示。但是我们探究的只是冰灯为何会发出这样的光芒。毕竟水是干净的,因此你以为透过大约10cm厚的冰块仍旧能够清晰地看到发光二极管。但是冰一般由许多晶体组成,这些晶体会朝各个方向反射光。冰块里面的小气泡和小颗粒也一定程度上促成了这种反射。

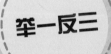

如果用的是蒸馏水或者纯净水,会怎么样呢?这两种水都十分干净并过滤了杂质。如果你用的是普通的水而非冰,又会怎么样呢?

生活中的科学

我们在自然界中经常看到散射的光。抬头看看,晴朗的天空看起来是蓝色的。这是因为光照射大气中的氮分子和氧分子后,蓝色光比其他颜色的光散射得更多。那为何大多数的云都是白色的呢?因为云主要是由冰晶组成的,这些冰晶就像你的冰灯一样让阳光发生了反射,依旧是白光。

响亮的钟声

如果你来到一座城堡，人家可能会告诉你："我们的仆人会敲钟宣布晚饭开始。"这个钟可能跟盘子差不多大小。想象一下，你能通过敲打餐具发出跟钟声一样响亮的声音（至少你自己听起来是这样的）吗？也许你真的可以做到哦！

你需要

· 刀、叉、汤匙（都必须是金属制品）
· 线或者细绳
· 剪刀
· 尺子

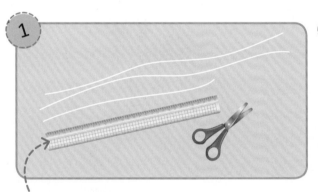

1

剪下两段各50cm长的细绳和一段30cm长的细绳。

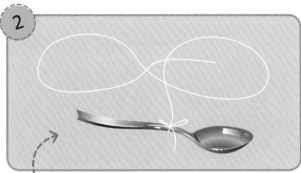

2

将一条50cm长的细绳的一头绑在汤匙手柄靠中间的位置。

3

将另一条50cm长的细绳绑在餐刀的刀片和刀柄连接的位置。

4

将30cm长的细绳绑在叉子手柄的中间位置，打结后两边留出相等长度的细绳。

5

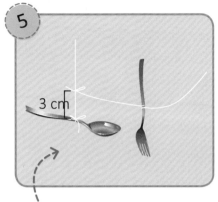

3 cm

将30cm长的细绳的一头系到绑汤匙的绳子上，打结处与汤匙的垂直距离约为3cm。

6

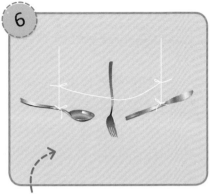

重复步骤5的操作，将30cm长的细绳的另一头系到绑餐刀的绳子上，打结处与餐刀的垂直距离约为3cm。

7

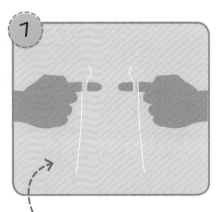

将两条50cm长的细绳自由活动的那头分别缠绕到双手食指上，把食指指尖按到两只耳朵上。汤匙、餐刀以及叉子就会在你的头底下摇摇晃晃。

8

9

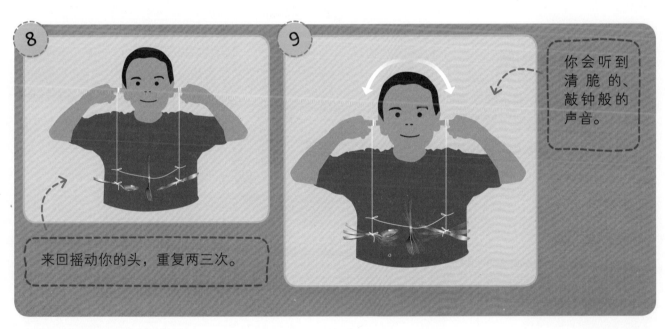

来回摇动你的头，重复两三次。

你会听到清脆的、敲钟般的声音。

小提示

你得调整绳子长度，确保悬挂着的3件餐具高度大致相同。

这是为什么呢？

别忘了你所听到的声音源于振动，你通过耳朵里面的小骨感觉到了这些振动。这些振动被转化成一系列的电信号，然后传到了大脑。我们通常接收到的是那些通过空气传播的声音。但是声音也可以通过其他物质传播，在这个实验中，它就是通过绳子和手指传到耳朵的。这样声音不会被分散或者减弱得太多（与通过空气传播相比），所以你可以更加清晰地听到它。

小提示

你只需要轻轻地摇头就能听到最响亮的声音；摇头幅度过大会使这些餐具无法碰撞而产生声音。

举一反三

将两个纸杯分别绑在一根更长的绳子两头，形成一个自制的电话机来做这个实验，你就能制造出通过神秘介质来传递的振动。你也可以测试一下声音是如何通过其他物质传播的。当你和朋友都在泳池底下的时候，大声喊你的朋友。你听到了什么？

生活中的科学

你可以看到——或者更准确地说是听到——空气是如何以不同方式传播声音的。吹起一个气球，让它紧贴着你的耳朵。再听普通的声音，你会发现这些声音都变得更加响亮了。那是因为吹起气球后，气球中的空气分子彼此之间挨得更紧，从而能更好地传播声音。

热

当你向朋友们展示这些实验的时候，气氛就会立刻热烈起来。他们也许对学习兴趣不大，但一定会喜欢这些不可思议的实验。

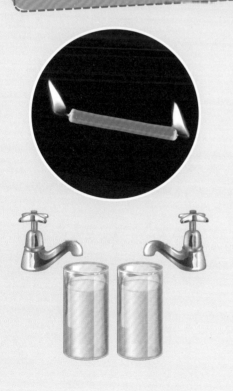

自己动手
做比萨烤箱。
（第77页）

水的运动

当你爸爸从外面跑步回到家的时候，他的脸看起来是不是红红的？这是为什么呢？你只需要在厨房里完成这个简单的小实验，就可以知道原因了。

你需要

- 4只容量150mL的小玻璃杯
- 2张纸巾
- 热水
- 冷水

1

把每张纸巾卷成长管形。

2

一只玻璃杯装入冷水，另一只玻璃杯装入热水。

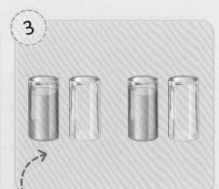

3

每只装满水的玻璃杯旁边放一只空的玻璃杯。

4

同时，将纸管的一头放入装满水的玻璃杯，另一头放入旁边的空玻璃杯。

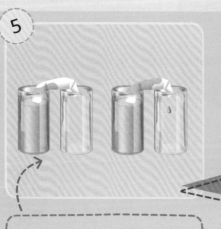

5

观察哪只杯子里面的水先进入空杯子。

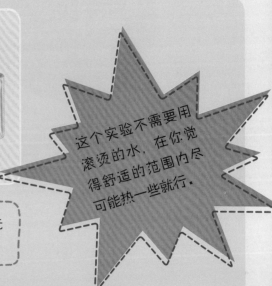

这个实验不需要用滚烫的水，在你觉得舒适的范围内尽可能热一些就行。

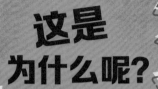
这是为什么呢？

水是以一种叫作毛细作用的方式穿过纸巾的，这种运动的命名来自于纸巾上的小空气管（毛细管）。整个过程叫作渗透，水通过毛细管从高分子区域（装满水的杯子）渗入低分子区域（空玻璃杯）。高温增加了分子的动能，因此温水的水分子比冷水的水分子渗透得更快。但是在这两种情况下，水都是通过毛细作用穿过纸巾的。

小提示

其实你用什么样的杯子关系并不大，但是干净透明的塑料杯或者玻璃杯能让你更好地观察滴下的第一滴水。

举一反三

如果你有足够的时间，那么看看几小时之后会发生什么情况。这样，你就可以观察另一个科学小知识：平衡。最后，温水会变冷，毛细作用和重力作用的拉锯战会停止。四只杯子里面将拥有同样多的水。

生活中的科学

你体内最小的血管叫作毛细血管。当你的身体（以及你体内的血液）变暖和的时候，比如跑步后，那些毛细血管里面就充满了更多的血液（血液里面含有水），这些血液会在皮肤下层冷却。你刚刚就看到了这个过程是如何通过杯子、纸巾以及水来完成的。

加热

滑翔机和积雨云会有什么联系呢？通过这个实验，你就可以把它们联系起来了。你会了解什么是对流——空气升温或者降温的时候会发生什么情况。

1

让成人撬开铁罐，扔掉盖子和底。然后在每个铁罐的边缘粘上胶带。

2

将铁罐叠起来形成铁罐塔，确保每个铁罐的连接处都已用胶带粘好了。

3

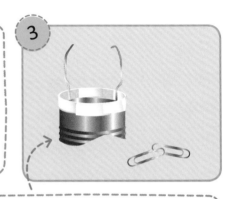

将回形针拉成一条直线，一头用胶带粘在最上面那个铁罐边缘的内侧，另一头朝上延伸。两个回形针粘在相对的位置上。

4

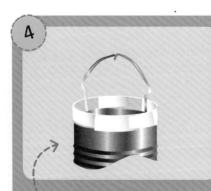

小心翼翼地将两枚回形针的自由端弯曲，使它们接触并形成拱形。

5

用胶带粘好两枚回形针接触的地方，对拱形进行加固，再将一个小球状的（豌豆大小的）橡皮胶粘在拱形上。

6

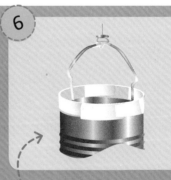

小心翼翼地将图钉（针尖朝上）按在橡皮胶上。

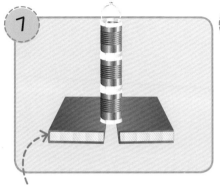

7

将书放在桌面上，两本书相距约5cm，再将铁罐塔放在两本书之间的空隙上方，使铁罐和两本书接触的面积相等。

8

将打印纸剪成15cm×15cm的正方形。

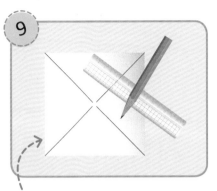

9

用尺子画出正方形各个角的对角线，每条对角线止于距离中心点5mm的地方。

10

沿着画好的对角线剪开。

11

每隔一个角就拉一个角靠向中心点，并用胶带固定住。你就能做成一个纸风车。

12

小心翼翼地将纸风车（有胶带的一面朝下）插入图钉的针尖，使它保持平衡。

13

放到阳光下后，纸风车就会开始旋转。

拿剪刀和图钉的时候一定要小心。

这是 为什么呢?

你也许已经知道热空气会上升。那是因为组成热空气的分子运动起来更加自由,空气密度变小。照在铁罐塔上的阳光使得罐子里的空气温度升高,热空气从铁罐塔中上升。在铁罐塔底部留出空隙可以让更多的空气进入罐内,填补已经上升的热空气的位置。正是这些上升的空气让纸风车在顶部旋转起来。

空气的这种垂直运动叫作对流。降低温度,变冷的空气会下沉——当然这也是对流。

小提示

如果你想把纸风车的扇叶贴得更稳固些,可以将拉进来的各个角的黏合处多余的胶带修剪掉,这样可以让扇叶变得更轻。

举一反三

尽管这个实验在晴天捕获更多热量的情况下效果更好,但你也可以选择在天气多变的某一天,进行一些有趣的观察。或者你可以持续一周每天都观察纸风车的运动。你有没有发现纸风车旋转的速度有什么不同?这是为什么呢?

生活中的科学

对流在天气的发展和变化过程中起着非常重要的作用。你也许看到过那些高耸入空的蓬松的积雨云,就是对流使它们那么蓬松的。滑翔机和翱翔的鸟,比如秃鹰,可以利用上升的气流使自己持续飞行,有时候一飞就是数小时。

动手制作温度计

传统液体温度计的玻璃管里有一根水银柱。当温度上升时，水银会膨胀，使得水银柱升高，水银柱边上的标记就是温度的数值。你可以通过类似的原理，用空气和水自己制作一个温度计。

你需要

· 空的塑料瓶
· 塑料吸管
· 橡皮圈
· 水
· 食用色素
· 小刀

1

接半瓶冷水。

2

往瓶中加入几滴食用色素，转动瓶子使得水中颜色分布均匀。

请务必让成人用小刀在瓶盖上挖洞。

3

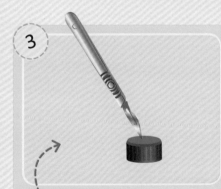

让成人用小刀在瓶盖上挖一个洞，洞的大小足够插入一根塑料吸管。

4

拧紧瓶盖。

5

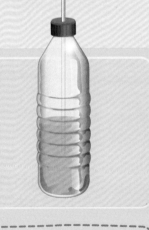

将吸管从瓶盖上的洞口插入瓶中，使得吸管底部浸入水中，但不能接触瓶底。

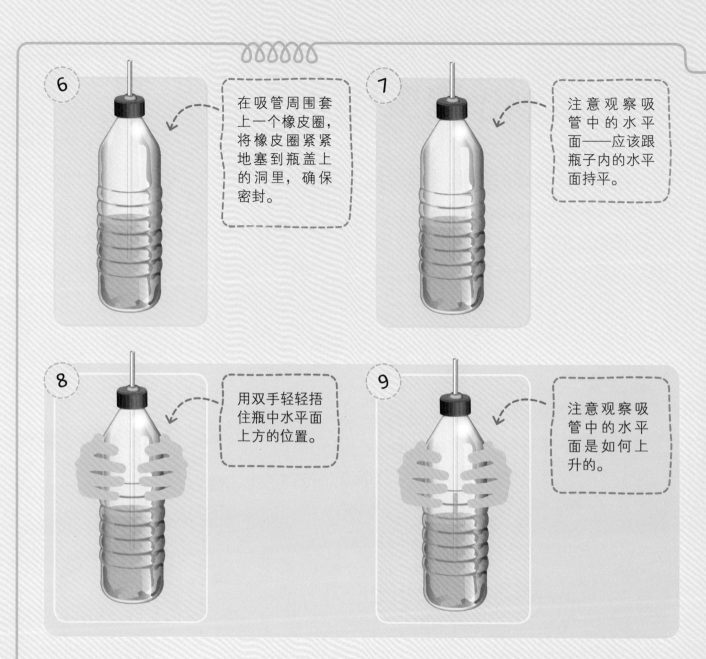

6 在吸管周围套上一个橡皮圈，将橡皮圈紧紧地塞到瓶盖上的洞里，确保密封。

7 注意观察吸管中的水平面——应该跟瓶子内的水平面持平。

8 用双手轻轻捂住瓶中水平面上方的位置。

9 注意观察吸管中的水平面是如何上升的。

小提示

如果能在捂住瓶子前花几秒快速地揉搓双手，就能更快地得到更加明显的结果。摩擦会使你的双手变得更热，进而使瓶内的空气变得更热。

如果能使用透明的吸管做实验，得到的结果是最理想的。用食用色素给水染色，是为了能够更好地观察吸管中水平面的变化。

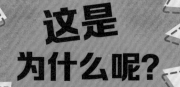

这是为什么呢？

对于任何一种物质来说，当温度逐渐上升时，构成它的分子的活性就会变得越来越强，这就意味着气体开始占据更多的体积。这个实验中发生的情况正是如此。你的双手捂热了瓶内的空气，空气膨胀后需要占据更多的空间，因此开始对水施加压力，使得吸管中的水平面上升了。空气的温度越高，膨胀就越厉害，吸管中的水平面也就越高。你只要仔细想一想，就会发现其实原理很简单。

生活中的科学

千万别忘了，在这个实验中，你并没有制造出更多的空气。你仅仅是让空气膨胀了。如果等量的气体（比如空气）占据了更大的空间，那么它的密度就变小了。热气球就是利用加热的空气的密度小于气球外的空气密度以产生浮力飞行的。

举一反三

如果不按步骤5和步骤6操作，你可以看看实验结果如何。如果吸管没有浸入水中，变热后膨胀的空气就只会从吸管中跑出来。同样，如果瓶盖上的密封处有缝隙的话，空气就会从这个缝隙中跑出来。这些情况下，你的温度计就不准了。

蜡烛跷跷板

跷跷板游戏带给孩子们许多快乐。你曾经尝试过增加更多重量或者移动位置来改变跷跷板的节奏吗？其实很容易就能理解给跷跷板增加（或者减少）的力是如何影响跷跷板的。不过，你见过用火推动的跷跷板吗？就让我们眼见为实吧！

你需要

- 蜡烛（约15cm长，2～3cm宽）
- 细长的钉子
- 2只完全相同的玻璃杯
- 小刀
- 火柴
- 桌子

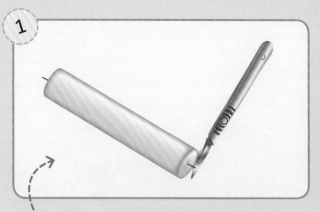

1 选择蜡烛的底部，让成人刮去上面的蜡，露出烛芯。

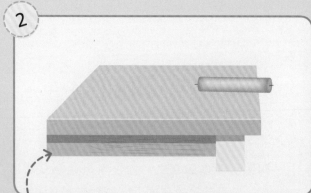

2 将蜡烛平放，确保有一部分蜡烛伸出桌子的边缘。

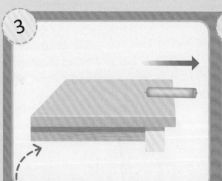

3 将蜡烛往外移动，直至蜡烛快要掉离桌面，扶住它。

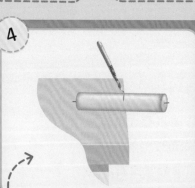

4 让成人用小刀的刀尖标记这个平衡点。

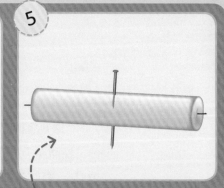

5 让成人将细长的钉子慢慢地插入蜡烛的平衡点，直至蜡烛两侧露出的钉子长度相同。

6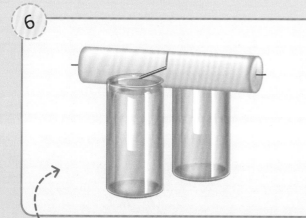

并排放置两只玻璃杯，将蜡烛放上去，使蜡烛两侧露出的钉子分别放在两只玻璃杯的杯沿上，确保蜡烛处于平衡状态。为了防止蜡滴落在桌子上，你可以在蜡烛两端的下方各放一个托盘。

7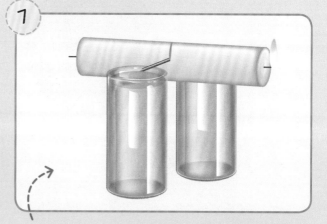

让成人点燃蜡烛的其中一头，等几秒，直到点燃的一头开始翘起。

8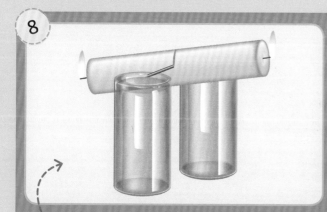

现在让成人点燃蜡烛的另一头（落下的那头）。

9

很快蜡烛两头就会上下移动，就像跷跷板一样。

切记要让成人点燃火柴和蜡烛。

小提示

尽可能地选用细而长的钉子，这样就能顺利穿过蜡烛，又不会弄断蜡烛。

这是为什么呢?

这看上去只是一个简单的演示,却包含了很多知识。首先,我们在实验中总发现:热量——燃烧的能量副产品——是驱动力。空气中的氧气为化学反应提供了许多"原料",而热能(热量)就在化学反应过程中被释放出来了,使得蜡烛融化。当融化的蜡烛滴落的时候,这头的蜡烛质量减小,自然就在"跷跷板"中翘起来了。后来另一头燃烧了更多,也就失去了更多的质量……于是蜡烛两头开始上下摇摆。

举一反三

如果你有大量的蜡烛——而且协助你的成人也非常有耐心——你就可以尝试用不同长度的蜡烛来进行实验。别忘了,你平常玩跷跷板时,可以通过靠近或者远离另一头的人来改变跷跷板的平衡。你觉得蜡烛的长度会对实验产生影响吗?
试试看吧,亲眼看看结果。

生活中的科学

热能使汽车能够飞驰。电火花点燃了发动机气缸里面的汽油(并且使气体膨胀)。膨胀的气体向下推动活塞,气体冷却后,活塞又向上运动。活塞这种上下运动的速度非常快而且持续不断,正是这种运动为汽车提供了前进的驱动力。

比萨烤箱

想吃剩下的比萨，但又怕太凉？现在你可以利用科学知识和太阳能来加热这些比萨了。只要确保是在晴天做这个实验。

你需要

- 结实的硬纸板比萨盒（外卖比萨盒就很合适）
- 尺子
- 铝箔
- 黑色的食品用纸
- 保鲜膜
- 固体胶
- 胶带
- 剪刀
- 笔
- 比萨

用剪刀剪开比萨盒时一定要小心。

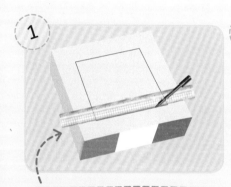

1 用尺子和笔在比萨盒的翻盖上画一个正方形，正方形各条边距离比萨盒各条边3～5cm。

2 除了跟盒身相连的那条边，其他三条边都沿着线剪开。反复多次打开再合上正方形，使其出现一条折痕。

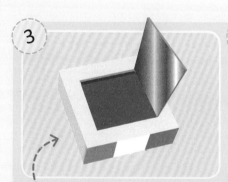

3 剪下一块和正方形封盖一样大小的铝箔，把它粘到正方形内侧。这样就可以把阳光反射到盒子里。

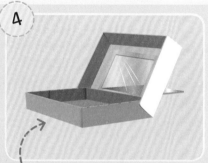

4 剪下一块比比萨盒上开口稍大的保鲜膜。用胶带将它粘到翻盖的内侧，确保能够完全盖住挖空的正方形区域。

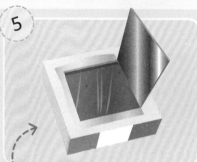

5 重复步骤4，将第二块保鲜膜粘到挖空的正方形区域的另一侧。

现在，比萨盒的翻盖上已经有了用保鲜膜做成的一个密封面，完全遮住了挖空的正方形区域；贴了铝箔的正方形封盖应该从这个密封面朝上打开。

6

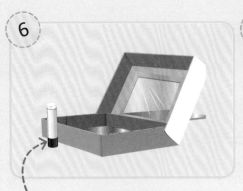

再剪一块铝箔，粘到比萨盒的底部（内侧）。这块铝箔起到隔热的作用。

7

剪下一块跟这个比萨盒底部一样大小的黑色食品用纸，将它粘到盒子底部的铝箔上，这样盒子底部就可以更好地吸收热量。

8

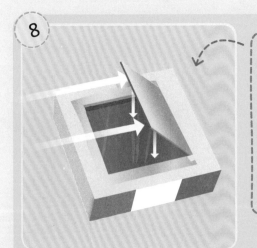

移动盒子，使开口朝向太阳。正方形封盖保持打开状态——但是盒子的翻盖处于闭合状态——这样烤箱就可以工作了。

9

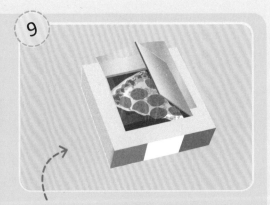

将一块比萨放进烤箱内。

10

过一会儿，待在烤箱里的比萨就能热好了。你可以用这个烤箱加热各种各样的食品。只要这些食品竖起的高度不超过比萨盒翻盖就可以。棉花糖就是非常好的选择！

虽然这样的烤箱内温度没有厨房的烤箱温度高，但还是要在翻盖打开后过几秒再伸手进去。这样就不会烫伤了。

这是为什么呢?

通过这个实验,你就将许多不同的科学知识集结到了一起。主要的部分当然是太阳能——来自太阳的光和热。虽然不管怎样都会有部分太阳光能直接穿过透明塑料,但是正方形封盖上的铝箔可以将更多的能量聚集到盒子底部。保鲜膜既可以让能量进入盒子,又能防止能量流失。而黑色——盒子底部食品用纸的颜色——比其他颜色能够吸收更多的热能,还有最下面那层铝箔,大大增加了隔热效果。

小提示

如果你恰好有几张PVC塑料,而且有成人帮忙裁剪大小,你可以用PVC来代替保鲜膜。

举一反三

如果特意不完全按照说明的步骤操作,你很容易就能发现这个演示中太阳能是如何工作的。如果上面的正方形封盖上不贴铝箔,烤箱内的热量就会变少,食物就不会这么热。在缺失其中一种条件的情况下再尝试这个实验——比如上面没有铝箔,密封面没贴那么紧密——再看看实验效果如何。

生活中的科学

你也许见过曲面的卫星天线。跟你的烤箱一样,它们是被设计用来反射卫星信号的,然后将其导向同一个点集中。在你的实验中这个点就是烤箱的底部。卫星天线上有一个接收器,用来接收被曲面弹回的信号,并将它们沿着电线传送到你的电视机里。

冰激凌制冷机

你需要
· 2只碗
· 冰激凌
· 2个汤匙
· 牛奶
· 1位朋友

做了这么多严谨的科学实验，是不是该来点奖励呢？来一碗美味的冰激凌怎么样？不够的话来两碗。不过，我们终究还是要从中学到科学知识。那就来讨论下如何一举两得吧！

1 每只碗中各放入两勺冰激凌。

2 让一位朋友尝尝第一个碗中的冰激凌，特别注意一下吃起来有多冰凉。

3 往第二碗冰激凌上浇上三四匙牛奶，确保完整地覆盖冰激凌。

4 现在可以让你的朋友尝尝第二碗冰激凌。

5 让你的朋友轮换着吃这两碗冰激凌，来一匙第一碗的，再来一匙第二碗的。如果你自己还没尝试，也可以参与到实验中来。你是否同意浇了牛奶的冰激凌尝起来——或者感觉——更冰凉？

物体把热量从你这里传递出去的时候，你会觉得它变得更冰凉了。这就是为什么在冬天我们觉得金属比木头更冰凉。我们知道冰激凌是冰凉的，但是它上面充满了微小的气泡。正是有了这些气泡，冰激凌吃起来才会那么松软。但空气是良好的隔热物质，可以减缓热量从一种物质到另一种物质的传递。而牛奶没有那样的气泡，所以跟冰激凌（有那么多的隔热气泡）相比，牛奶更容易传递舌头或嘴唇的热量（你会觉得浇了牛奶的冰激凌更冰凉）。

小提示

你可以变换不同口味的冰激凌进行尝试，或者拿刚从冰箱取出的冰激凌跟稍微有些融化的冰激凌进行实验，做个对比。

生活中的科学

俄罗斯部分农村过去会在每年下第一场雪的时候举行大型的庆祝活动。这个举动看似很奇怪，因为接下来的六个月左右他们的田地上都将是积雪覆盖。但正是这些积雪保护了底下的庄稼。实际上飘落的雪花中饱含空气，因此满地的积雪更像是一条毯子，阻止了外面更冷的空气进来。积雪下面算不上温暖，但是跟外面寒冷刺骨的空气相比要暖和得多。

举一反三

冰激凌和牛奶有不同的黏稠度。如果把一些普通冰激凌和浇了牛奶的冰激凌分别放回冰箱，你猜会出现什么情况？试着做做看，但是不要用碗，用纸杯，因为碗可能会破裂。先做个预测，再看看预测到底准不准。

温室效应

大多数科学家都认同一个观点，即地球上的气候正在变化。这种变化引起了人类的恐慌。数百万年来，我们的地球反复变暖、回冷，都是顺应自然规律的。但是近来气候变暖很可能是人类活动造成的。为什么呢？用这个实验来帮助你更好地理解吧。

你需要

- 2只完全相同的玻璃杯
- 水
- 可以完全封住玻璃杯的袋子
- 胶带
- 温度计
- 台灯（非必需）

从水龙头中接满两杯冷水。

用塑料袋套住其中一只玻璃杯，确保杯口密封。

将两杯水都放到阳光充足的窗台上——如果是阴天，就把它们放在台灯下。

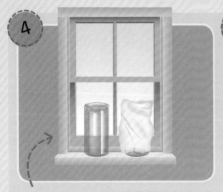

放置两小时。

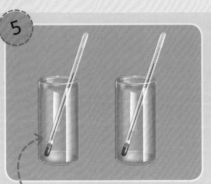

解开塑料袋，分别测量两只玻璃杯中的水温。

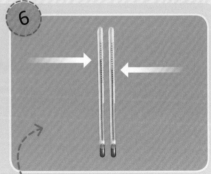

注意观察哪只杯子中的水温更高。

这是为什么呢？

刚才你已经通过一个小实验演示了气候变化所产生的影响。我们把玻璃杯中的水想象成地球上的海洋，把玻璃杯周围的空气想象成地球大气层。海洋吸收了来自太阳光的热能。工厂排出的废气、汽车尾气以及其他气体，就像实验中的塑料袋一样，在地球上形成了一层覆盖层。这层覆盖层允许热量进来，却阻碍了部分热量出去。因此，水温就升高了。这个过程就类似温室效应。

小提示

要保证两只玻璃杯是完全相同的，这样结果会更加准确。

举一反三

如果你所在的地方这段时间刚好天气多变，为什么不尝试选择一周时间，每天都做这个实验呢？观察一下阴天的时候，这杯像三明治一样被包得严严实实的水的温度有没有升高？再试试拿二只大小不同的玻璃杯来做这个实验，每只杯子都用塑料袋包住，看看它们的水温是否都一样高。

生活中的科学

气候变化产生的影响通常通过测量海水的温度来呈现。总体温度上升1℃，听起来好像并不多，但实际上会造成很大的损害：地球上的部分冰川会开始融化，海平面上升，从而对低洼地区构成了很大的威胁。

变幻莫测的火焰

有时候你可以用一个实验展示许多科学知识。这次的实验就能很好地展示一个原理是如何与另一个原理联系的。你困惑了吗？做完这个实验你就明白了。

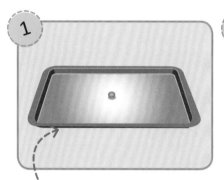

1

将橡皮泥捏成球，放在托盘中心，作为蜡烛的底座。

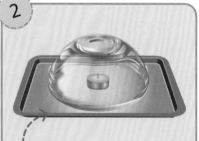

2

将蜡烛放到底座上，再把搅拌碗碗口朝下，盖在蜡烛上方。

让成人用火柴点燃蜡烛。

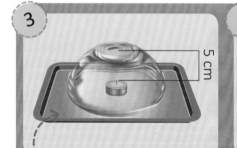

3

5 cm

确保蜡烛烛芯到碗底的距离至少有4～5cm。

4

把碗拿起来，在碗口边缘均匀地放上4个豌豆大小的橡皮泥。碗口朝下放的时候，这些橡皮泥球就成了它的软底座。

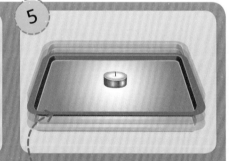

5

轻轻地来回拉动托盘，确保蜡烛放置平稳。如果不够平稳，要加固底座。

6

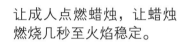

让成人点燃蜡烛，让蜡烛燃烧几秒至火焰稳定。

7

沿着桌面拉动拖盘，观察火焰是如何向后飘的。

8

把托盘拉到原来的位置，保持蜡烛不熄灭（或者重新点燃蜡烛）。

9

碗口朝下，小心翼翼地将碗盖在点燃的蜡烛上，确保火焰稳定。

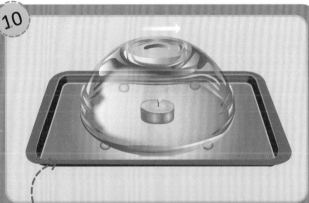

10

重复步骤7，观察火焰是如何向前飘的。

为了防止玻璃碗太烫，约10秒后吹灭蜡烛。

小提示

你可能得多练习几次快速移动托盘，确保火焰动起来——但也不能太快，否则火焰就熄灭了。

这是为什么呢?

这个简单的实验集结了多种不同的科学原理。牛顿第一运动定律表明在没有外力作用的情况下,物体要么静止,要么做匀速直线运动。移动蜡烛算是一种外力作用,所以当火焰没被玻璃碗盖住的时候,它就落在后面了。但是火焰一旦被盖住,它就会使周围的空气升温(使其密度变小)。容器内其他空气就落在后面了(就像第一次实验中的火焰一样)。这些空气你是看不到的,但是它们聚集在移动容器的后部,推动温度较高的空气(和火焰)向前运动。

通过这个实验,你已经体验或者见证了至少两个科学原理共同起作用的情况。车刚开动时,坐在汽车里的你会有那么一会儿感觉到被往后推了,这就叫作惯性。一开始正是因为惯性,火焰会往后飘。五彩缤纷的热气球内的空气被加热膨胀,密度变小,这跟玻璃碗内空气被火焰加热后密度变小是一样的。

举一反三

想象一下,如果倒扣玻璃碗的"底座"比4个豌豆大小的蓝色橡皮泥更高一些,会发生什么。如果蜡烛长时间燃烧,最后玻璃碗内充满了热空气,那些温度更低、更重的空气都通过底下更大的缝隙跑出去了。这时候你再移动托盘,火焰会怎么样呢?

物质

除了冰激凌，你有没有使什么东西消失过，或者凭空变出什么东西来？在这一章的实验中，你将学会这两种绝技。

制作梦幻的熔岩灯！（第88页）

熔岩灯

也许你曾见过熔岩灯？这是一种曾经风靡全球的室内摆设。这些有趣的灯内有一团"熔岩"持续不断地在瓶内上下跳动。在这个实验中，你可以在家中做一个类似的物体，它虽然没有真正的熔岩灯那么漂亮，但也同样有趣。

你需要

· 高而且干净的玻璃杯
· 水
· 食用油
· 盐
· 食用色素

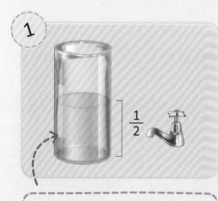

1 拿玻璃杯接半杯水。

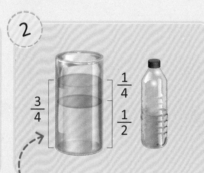

2 慢慢将食用油倒进玻璃杯，直到玻璃杯内液面到达杯身 $\frac{3}{4}$ 的地方。

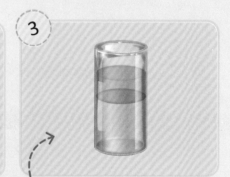

3 等待一会儿，直至两种液体分离为两层，水在下面，油在上面。

4 加入几滴食用色素——它们可以穿过油层进入水中改变水的颜色。

5 在顶层的液面上撒上一些盐，然后等几秒。

6 油滴会沉入玻璃杯底部，再从水中浮上来。

这是为什么呢？

油的密度比水的密度小（相同体积的油更轻），所以油就漂浮在水面上。这就解释了为何液体分为两层。食用色素是水溶性的，密度比油大，所以可以穿过油层进入水中。盐比油的密度大，所以盐颗粒也能够穿过油层进入水中。但是盐颗粒沿途沾了部分油，这些油就开始"凑热闹"。不过盐一旦进入水中就融化了。然后就只剩下了油滴。没有了把它带下来的盐，油滴就又浮回到原来的油层。

小提示

如果效果不明显或者没有效果，就稍微多撒些盐。

举一反三

超市有很多不同种类的食用油。你可以每次用不同的油多做几次这个实验——可以是葵花籽油、菜籽油或者橄榄油。根据这些实验结论，你能判断出哪种油的密度最大吗？

生活中的科学

20世纪70年代的熔岩灯灯管内装满了液体，灯管底部有颗粒彩蜡。灯管下端明亮的灯泡使得彩蜡的温度上升，密度变小。密度变小的彩蜡会穿过液体上升，而后彩蜡温度下降，密度变大，又沉到了灯管底部。

小橘灯

"这个角落有点暗……你能帮我点一盏小橘灯吗？"也许在现实生活中你从来没有听到过这样的要求，但神奇的是当你家里蜡烛用完的时候，你还真的可以用橘子做蜡烛。怎么做呢？那自然就得依靠科学的力量啦。

1 请成人拿着橘子，蒂部朝上，沿橘子中心线割一圈，千万小心不要割到里面的果肉。

2 握住半个橘子，将手指沿着割痕伸进橘子皮下面，绕着割痕转动一圈。

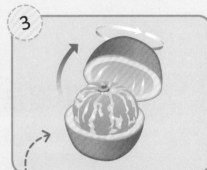

3 轻轻扭动橘子的上下两个部分，把它们分离开来。

把不含果肉的那一半橘皮先放在一边。小心地将果肉从另一半橘皮中取出来，但要确保不能拔出中间的那根橘子芯。

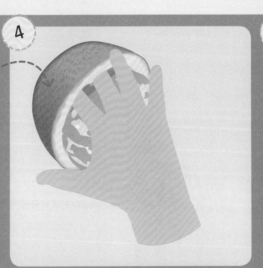

4

5 现在你就有了半个中间立着橘子芯的空橘子。

6

慢慢地往橘子芯上浇橄榄油，直到橄榄油快填满这半个空橘子。

7

请成人用火柴点燃橘子芯并且关掉房间的灯。橘灯的效果就完全呈现出来了。

举一反三

按照实验说明中同样的步骤制作橘灯，但是这次尝试从这半个空橘子的边上加入橄榄油。换句话说，橄榄油不要浇到橘子芯上。在让成人点火柴之前，预测这个橘灯是否会燃烧得更快、更慢或是没法燃烧。然后看看实验结果。

生活中的科学

这盏小橘灯中的橄榄油（以及家用蜡烛中融化的蜡）是朝着火焰向上运动的。液体的这种运动叫作毛细作用，植物就是通过这样的方式从根部吸收水分的。人体内最小的血管叫作毛细血管，它也是通过毛细作用来输送血液的。

任何类型的蜡烛都是通过燃料燃烧发挥作用的，燃料要有一定的温度才会燃烧。气态是物质的一种状态，通常是一种物质被加热后从另一种状态——比如固态或者液态——转化而来的。在这个实验中，橄榄油就是燃料。普通蜡烛中的蜡通常都会燃烧变成气态的产物，不过你有时候会看到一些融化了的蜡。固态蜡一开始会变成液态蜡，但是它滴下来了，马上就远离了高温，因而不会燃烧变成气态的产物了。

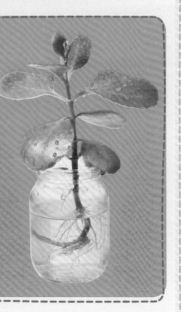

燃烧绳子的魔术

　　魔术师有时候会用绳子变魔术，让绳子上升甚至让它"跳舞"。这个实验中你也可以用绳子或者线尝试一下科学小魔术，把绳子烧完了，但它还在原来的地方。好玩吧？

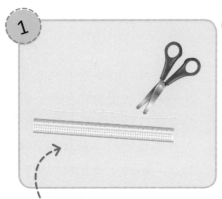

1 剪一段45~50cm长的线。

2 接半碗温水。

3 加入四勺盐，并搅拌。

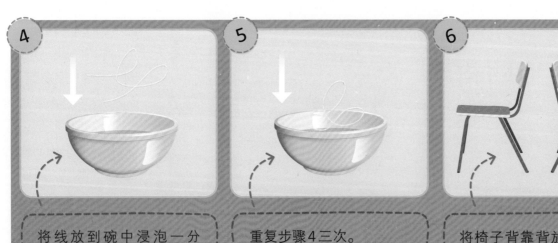

4 将线放到碗中浸泡一分钟，再晾干。

5 重复步骤4三次。

6 将椅子背靠背放好，椅背顶端相距约15cm。

7

将尺子架在两椅背上。

8

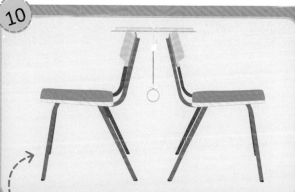

将线的一头系在窗帘环上，另一头系在尺子中间，于是现在窗帘环就悬挂在两把椅子中间。

9

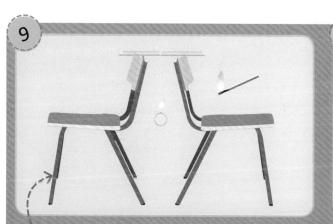

请成人点燃窗帘环上方的线。

10

火焰会沿着线向上移动，留下薄薄的一段灰——但是窗帘环仍旧悬挂在那里。

这个实验需要有成人在场并帮忙点燃火柴。

小提示

浸泡线和晾干线的时候要很有耐心。

这是
为什么呢?

这个实验中最关键的就是盐。盐溶解在水中形成了溶液。如果是温水,盐就更容易溶解形成溶液。线吸收了部分盐水,在它晾干的时候,水分蒸发,留下了盐。如果溶液中盐分很高,线干了之后表面就会形成晶体。这是魔术吗?其实是因为盐晶体比棉线的燃点更高。剩下的这条其实就是一层薄薄的盐,线已经烧完了。

举一反三

这个魔术中要确保这根线吸收了足够的盐水,而且盐水要足够咸。你可以用这个方法多次尝试实验,算出到底需要用多少盐。一开始用少量的盐,如果窗帘环掉了,就多加一点盐,直到窗帘环仍能悬挂在那里。

生活中的科学

你听说过海盐吗?海盐是海水蒸发结晶而形成的。在一些平坦的沿海地区,每次浪潮都会带来一些水并且积在地面的低洼处。当潮水退去,太阳直射的时候,水分蒸发,再把海盐耙在一起就可以了。

气压计

气压计是一种灵敏的科学仪器，用于测量大气压强，帮助预测天气。气压计的结构非常复杂，不过在这个实验中，你可以用玻璃杯和吸管自己动手做一个简易的气压计！

1

从气球上剪下一个比玻璃杯口宽6～7cm的圆片。

2

在杯口上方撑开圆片，将它沿玻璃杯边缘紧紧地往下压。

3

沿着杯口系好线（或者让一位朋友帮你完成）。要确保撑开的气球乳胶紧紧地套在杯口。

4

捏一块豌豆大小的黏土，揉几下使它变软。

5

将黏土放到撑开的气球乳胶的中心。

6

将吸管按进黏土中，它在玻璃杯边缘保持水平状态，就像跳水板一样伸出去。

7

在桌子后面的墙上贴一张白纸。将玻璃杯放在靠近白纸的地方。

8

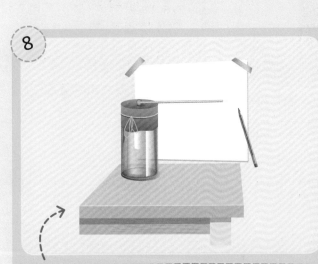

在纸上标记吸管的水平位置，并记下日期。

9

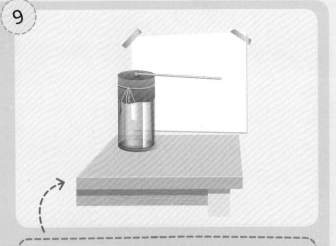

连续一周，每天重复步骤8的操作。由于天气不同，吸管的位置会轻微地上下变化。

小提示

实验必须避免阳光直射而且需要避开其他热源，因为热量会对吸管的运动产生影响。

这是为什么呢？

刚刚你做了一个与物质的主要状态之一——气态有关的实验。空气是一种混合气体，它跟任何一种气体一样，可以改变形状和体积。你也许听说过压缩空气，其实那只是空气的体积在压缩后变小了。天气变化通常是与气压变化紧密相关的。天气晴朗往往伴随着高气压。这就意味着空气会将气球乳胶封口向下压更多，充分挤压瓶内的空气。随着气球乳胶向下压，吸管的另一头就会向上翘——就像跷跷板一样。你的标记会随着天气的情况上下移动。

举一反三

尝试用不同材料覆盖玻璃杯口，预测一下会发生什么。可以用保鲜膜或者铝箔。究竟是气球乳胶的什么特性使它有着不同的表现？试验并观察。

生活中的科学

气压的监测是天气预报最重要的依据之一。如果未来有低气压来临，天气预报员就会预报下雨；如果周末、假期保持高气压，预报员会让大家放心出游。天气预报使用的是灵敏度非常高的气压计，可以捕捉到大气压强极细微的变化。

无所不能的蜡烛

蜡烛的火焰可以用来做各种各样的事情：照亮房间、加热、烘托气氛。但是能用蜡烛来推动其他东西吗？答案是可以，只要你知道如何控制力度就行。

你需要

- 塑料托盘（或者带有塑料外壳的托盘）
- 玻璃杯
- 水
- 火柴
- 蜡烛
- 2本书

1 将两本书叠起来放在托盘一端的底下，形成平缓的斜坡。

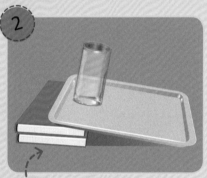

2 将玻璃杯边缘打湿，然后倒置在托盘较高的那一端。

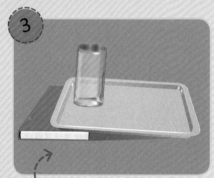

3 要保持玻璃杯停留在这个位置；如果它会下滑，就拿走一本书。

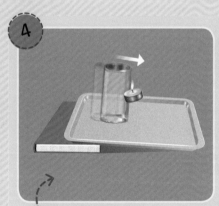

4 让一位成人点燃蜡烛，拿着蜡烛靠近玻璃杯外壁，但不要触碰到外壁。

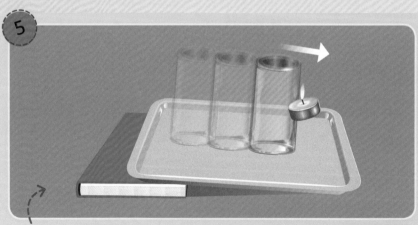

5 玻璃杯会神奇地沿着托盘的斜坡平稳地向下滑。同时要确保成人手上的蜡烛一直靠近玻璃杯并且顺着玻璃杯的轨迹移动。

这是为什么呢?

这个实验中,玻璃杯是在你给它制造的空气垫上运动的。蜡烛产生的热量使玻璃杯内的空气温度升高。气体受热膨胀后,将玻璃杯从托盘表面向上托起。这就意味着玻璃杯底部不再跟托盘直接接触——而是被托在水面上。水的表面张力将玻璃杯底部和托盘分开,加热后的空气也没有从玻璃杯中跑出去。由于玻璃杯和托盘没有直接接触,不会产生摩擦,它就很容易在托盘表面开始运动了。

举一反三

记住本实验需要一个平缓的斜坡,如果托盘水平,尽管玻璃杯内的空气膨胀了,它还是没法移动。但如果斜坡太陡,玻璃杯会因为不够平稳而翻倒。

小提示

只要蜡烛离玻璃杯足够近,可以加热杯子内的空气,无论它放在杯子的哪一边都没有关系。

生活中的科学

并非只有倒置的玻璃杯才能在空气垫上轻松地运动起来。一种叫作气垫船的大型交通工具就是以类似原理工作的。强力风扇将空气输送到气垫船底,使它从水面上升起。由于气垫船受到的摩擦比较小(因为它跟水面没有直接接触),因此它能够比普通轮船更快地在海上驰骋。

嘶嘶作响的气泡

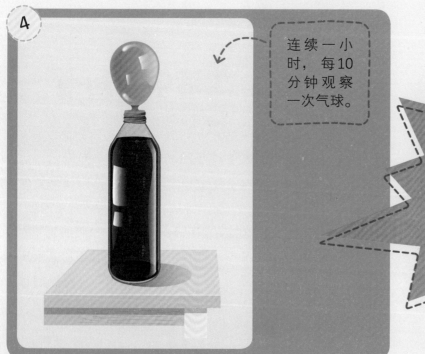

想过让碳酸饮料帮你吹气球吗？这次的实验你在生日派对上就可以尝试。在场的朋友们一定会大吃一惊的！

你需要

- 大瓶装的碳酸饮料（未开封的）
- 气球
- 手表（或者其他可以测量时间的装置）

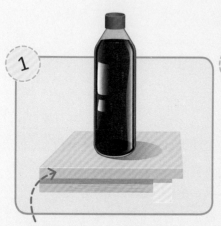

1 将碳酸饮料平稳地放在桌子上或台面上。

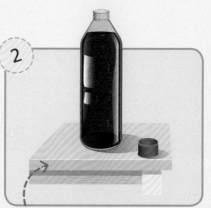

2 慢慢地拧开瓶盖。

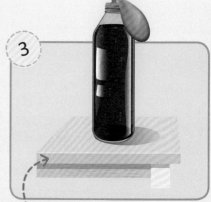

3 将气球套到碳酸饮料瓶瓶口。

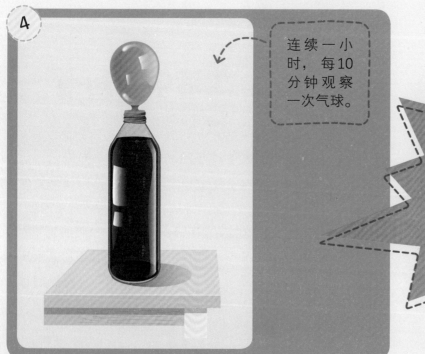

4

连续一小时，每10分钟观察一次气球。

你放心，实验很安全，但是千万要确保打开瓶盖前不能摇晃瓶子——否则饮料会喷出，搞得一团糟。

这是
为什么呢？

碳酸饮料中的气泡其实是溶解在液体中的气体——二氧化碳。一个叫作亨利定律的化学原理告诉我们，溶解在液体中的气体数量是随着压力的增大而增加的。二氧化碳在高压下溶解到饮料中，然后密封瓶口锁住高压。你打开瓶盖就释放了压力，二氧化碳就会从饮料中冒出来，恢复成气体状态。正是那些二氧化碳把气球吹起来了。

小提示

无论在室内还是室外都可以做这个实验，在室外的时候要确保风不能太大。

举一反三

网上许多"搞笑视频"中都有这样一幕：往可乐瓶中扔一些薄荷糖，顿时产生巨大的可乐喷泉。其实这么剧烈的反应跟你打开碳酸饮料释放二氧化碳的原理是一样的，只不过它的释放速度更大。只要凑近仔细看，你就会发现糖果上有微小的凸起——溶解的二氧化碳就吸附在这些凸起的表面，以惊人的速度转化成气体。但请别尝试往碳酸饮料中扔薄荷糖，因为那绝对会弄得一团糟的。

生活中的科学

溶解的气体有时候可能会非常危险。在深水中，高压使深海潜水员（从氧气罐中）吸入的部分气体溶解在血液中，因此他们浮回水面时动作要慢。如果浮得太快，压力释放过快，就会使气体在血液中形成气泡。这些气泡可能会导致皮疹、关节痛甚至死亡。

来自太阳的水

实验之前我们得强调一下，这个实验需要"成人的协助"：在得到成人允许之后，才能去花园挖一个坑。不能随便找个地方挖坑——这个坑需要尽可能多的阳光照射。别忘了，你是在收集水。什么？那就让科学来解释这个魔术吧。

1 在花园里找一个拥有足够光照而且还没有种花的地方。

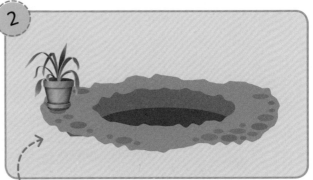

2 让成人挖一个约50cm宽、30cm深的圆坑，把挖出的泥土放在坑的边上。

3 将咖啡杯放在坑的底部中间位置。

4 用聚乙烯薄膜盖住坑，使得聚乙烯薄膜的中心位于杯子上方。

5 让两位朋友分别按住聚乙烯薄膜的两个角。一点点地往聚乙烯薄膜中间——咖啡杯的正上方——堆泥土。

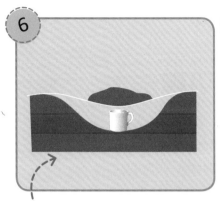

6 一直往上堆泥土，直到聚乙烯薄膜快碰到咖啡杯。

7 聚乙烯薄膜的四个角各压一块砖头——你的朋友们就不需要再按着了。

8 3 小时后，将砖头和聚乙烯薄膜移开——咖啡杯中就会有一些水。

这是为什么呢?

你刚刚演示了什么是凝结：物质从气态变为液态发生的变化。水蒸气（气态水）凝结后变成了液态水。如果水蒸气突然冷却——比如水蒸气遇到更冷的东西——就会形成水滴。所以当水蒸气遇到聚乙烯薄膜更冷的（内侧）表面时，就在那一侧形成了水滴。又因为你把聚乙烯薄膜的中心往下压，水滴就往下流，聚集在聚乙烯薄膜内侧最低的位置，然后滴入咖啡杯中。

小提示

最好等天气晴朗的时候做这个实验，要确保真的存在温度差。

小提示

往聚乙烯薄膜上放砖头或者石头的时候，千万注意不要让它滑动碰到咖啡杯。

生活中的科学

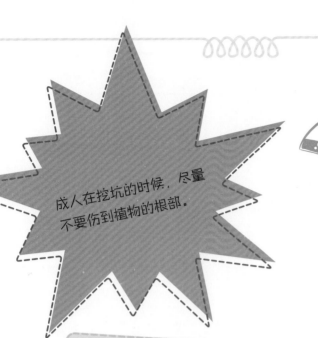

牵一反三

实验中所挖的坑非常关键，而且实验的成功很大程度上还取决于空气的温度。即使是一个这么小的坑，它里面的空气也比外面冷。现在你已经学会用聚乙烯薄膜的一侧来冷却空气了。那如果将咖啡杯放在草坪上，并在上方盖上聚乙烯薄膜，又会发生什么呢？

除了温度的变化，凝结过程还需要一个可以形成液体的表面。你可能在装冰镇饮料的玻璃杯上看到过这种现象。另外，汽车挡风玻璃内侧的雾气也是同样的原理。大气中一直飘浮着细小的尘埃。水蒸气就在这些尘埃上凝结，从而形成了雨水。

生物

在接下来的实验中，你可以做个侦探（没错，甚至可以研究指纹）。而且，在某些实验中，你和你的朋友们还是实验对象呢！

用豌豆和水做一个鼓。
（第106页）

来自豌豆的鼓声

做实验归根结底就为了一件事：开心。或者我们也可以说做实验使我们感到开心。也许这听起来不太科学，但在植物如何吸收水分这个简单的实验中，大多数人都感受到了快乐。

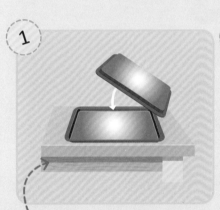

1 将较大的烤盘放在桌子上，再将略小的烤盘倒扣在它上面。这样的音效听起来会更好。

2 往玻璃罐中放一把干豌豆，再将玻璃罐放到小烤盘的中间位置。

3 往玻璃罐中倒满冷水。

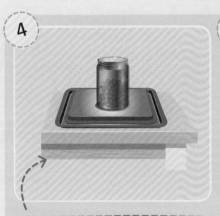

4 等待15分钟——仔细听，认真观察。

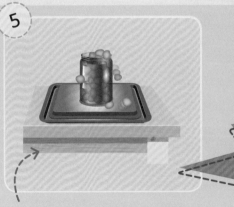

5 胀开的豌豆会从玻璃罐中溢出掉到烤盘上，发出"叮咚"声。

确保水溢出时不会损坏任何东西。

106

这是为什么呢？

这个实验展示了水是如何穿过植物细胞和动物细胞的——这个过程叫作渗透。这跟把干海绵放进水里是同样的原理。海绵会一直吸收水分，直至饱和。实验中的豌豆也是同样的情况。豌豆吸收水分后就胀大了，那就意味着它们占据了更多的空间，逐渐装满了整个玻璃罐，从而一颗颗地掉出。把两个托盘这样叠起来放置就更容易听到每颗豌豆掉落的声音。

小提示

大多数种类的干豌豆都可以用来做这个实验，但是普通干豌豆是最好的。

举一反三

尝试用新鲜的豌豆代替干豌豆做同样的实验。如果不是豌豆的上市季节，就从豌豆罐头中拿一些。要等它们一颗颗掉落发出"叮咚"声，你得等多久呢？做个预测，然后进行试验。

生活中的科学

渗透是一种被动运输，它不需要能量的参与。另一种运动——主动运输则需要能量的参与，比如心脏将血液输送到全身，这种主动运输就需要消耗能量。植物的根就是通过渗透作用吸收土壤中的水分的。

采集指纹

电视里警察查案时，你可能会听到"采集一下房间里的指纹"这样的话。指纹是什么？指纹是怎么留下的？指纹看起来又是什么样的？那就通过实验来揭开这些秘密吧！

1 手上涂少量的护手霜，主要涂在指尖。找到一个光滑的表面比如台面或者水槽的边缘。

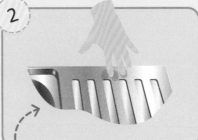

2 用两根或三根手指按压上述表面，这样就能留下指纹。

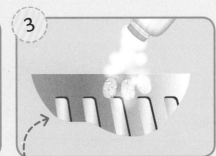

3 在留下指纹的地方撒上一些爽身粉，这样你就能看清指纹了。

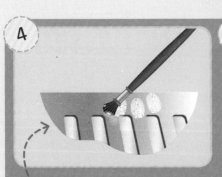

4 用刷子轻轻地将指纹上多余的爽身粉刷掉。

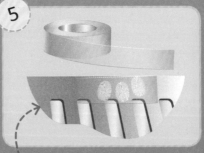

5 用一段透明胶带盖住指纹，并用力按压。

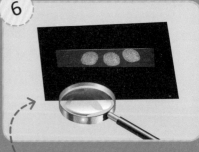

6 拿起胶带（已经粘上了指纹），将它按压到黑色卡纸上。你可以借助放大镜更好地观察指纹。

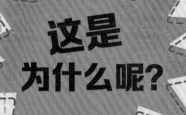

这是为什么呢?

肌肤为防止干燥会持续不断地出油。你触摸任何东西的时候,都会留下部分油,不过在许多物体(比如粗木头或者棉花)的表面是很难完整获得它的。然而在光滑的表面上(步骤1中我们用了护手霜来加强这个效果),手指会留下清晰的痕迹。指尖上那些凸起、卷曲的纹路留下了图案:指纹。平常你也许不会注意到指纹,但是撒上爽身粉后它们就显现出来了。而能够将这些痕迹(用透明胶带)小心翼翼地转移意味着指纹可以被带离"犯罪现场"进行研究。

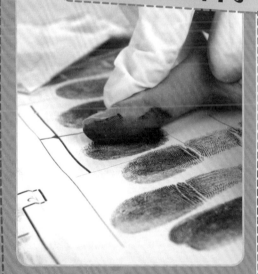

生活中的科学

小提示

在留下指纹的时候,要用力按压,但也不要太用力。

举一反三

了解如何留下指纹并采集还不是那么有趣的话,你可以在一张纸上划定区域,让每位朋友将一根手指沾上墨水,然后让他们分别将手指按压到纸上。采集好每个人的指纹后,你可以研究下,辨认出台面上的指纹究竟是谁留下的!

指纹相当重要,因为任何两个人指尖上的纹路都不相同。这就意味着每个人的指纹都是独一无二的。警察可以通过将犯罪嫌疑人的指纹跟采集来的指纹进行比对,判断他是否在犯罪现场。

感受酸痛

也许你听别人说过，去健身房锻炼后要感觉到酸痛才是有效果的。但什么是酸痛呢？有什么方法既可以获得这样的酸痛又不用一身汗呢？或者说怎么可以比较简单地感受到这种酸痛呢？没错——这个实验就可以！

① 向前伸直手臂举起夹子，准备计时。

② 数数一分钟内你可以按压多少次这个夹子，次数越多越好。

③ 一直数，直到一分钟结束，或者直到你真的撑到极限了。

实验很有趣，不过你要是觉得手酸痛了或者抽筋了就马上停下来。

这是
为什么呢?

正如你所看到的,这是操作最简单、最快速的实验之一。但它演示的原理非常重要,甚至比在健身房锻炼出一身汗更重要。肌肉运动需要氧气,当你快速运动的时候,肌肉所需的氧气远大于血液输送的氧气,因此肌肉就会在无氧条件下消耗葡萄糖(一种糖)来产生能量,而这个过程中会产生乳酸。如果乳酸堆积,无法快速排出,你就会觉得肌肉酸痛。

小提示

即便没撑到一分钟就停下来也不用担心,也许那时候你已经感觉到酸痛了。

生活中的科学

举一反三

如果你慢慢地夹夹子会怎么样呢?这整个实验中,速度是关键。回想一下健身房里那些觉得浑身酸痛的人。只有快速运动才会引发那样的反应。慢速、轻柔的运动(像瑜伽)需要的是长时间的耐力,而不是快速的高能量消耗。

能量可以用卡路里来计算。人们可以通过减少饮食或者通过运动来减少卡路里。觉得酸痛其实就是燃烧了许多卡路里的迹象——但不用感受酸痛也同样能达到减肥的效果。只要较长时间内持续做柔和的运动就可以了。

记录植物生长

播种种子，然后看着它慢慢生长，是生活的一大乐趣。但有时候我们缺乏耐心，不会去注意它的生长过程。植物每天可能只长几毫米，我们确实很难看出它是否在健康生长。那有没有监测植物生长更好的方法呢？当然有——自己去尝试吧！

你需要

- 豆种子
- 小花盆
- 棉线（约40cm长）
- 塑料吸管
- 图钉
- 卡片（A3纸大小）
- 2本厚书
- 水
- 笔

1

将豆种子浸在水中过夜，然后将它种到装满土的花盆里。

2

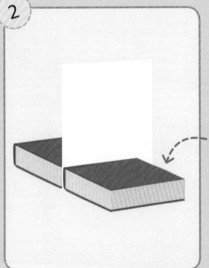

把两本书正面朝上并排放在花盆旁边，将卡片立在两本书中间保持竖直，把两本书往里推，固定住卡片。

3

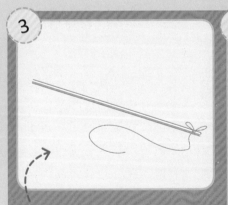

将棉线系在吸管的一头。

4

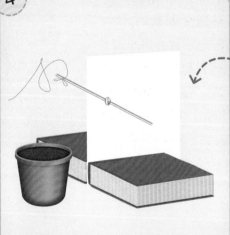

在吸管中间位置扎一枚图钉，然后将吸管钉在卡片上。图钉需钉在比花盆顶部高约15cm，卡片靠近花盆的边缘往内15cm处。

5

确保吸管可以绕着图钉旋转，然后将系有棉线的那头朝下，让吸管保持竖直状态。

6

按时浇水。当长出新芽的时候，将线的另一头系在新芽上。

7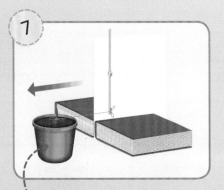

慢慢地移动花盆远离书本直到棉线拉紧，确保吸管仍处于垂直状态。

8

用笔在吸管下方进行标记并记录日期。

9

随着植物生长，棉线就会拉动吸管，使它像指针一样移动。

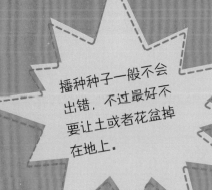

播种种子一般不会出错，不过最好不要让土或者花盆掉在地上。

小提示

在条件允许的情况下，你可以试试让成人用图钉的针尖在吸管的末端刺出一个小孔，把线绕在小孔中——这样线就不容易滑落了。

这是为什么呢?

这个实验的关键在于豆子的生长。你要为它创造理想的生长条件。将种子浸水就开启了豆子的生长，告诉种子它拥有足够的水分来发芽了（或者说开始生长）。土壤，加上有规律的浇水和日照，为它提供了理想的生长条件。幼苗长出来之后，它就开始把线往上拉。这个运动被转换成了曲线运动（吸管）。科学家和工程师把能够引起旋转的力称为"扭矩"。汽车的车轮就是被这种力推动旋转的，不过你用它转动了吸管。

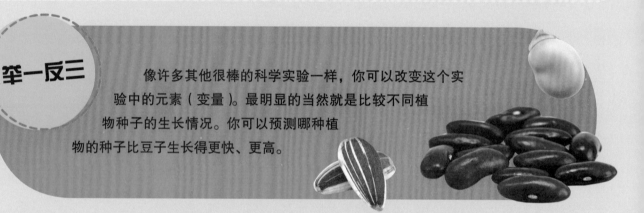

举一反三

像许多其他很棒的科学实验一样，你可以改变这个实验中的元素（变量）。最明显的当然就是比较不同植物种子的生长情况。你可以预测哪种植物的种子比豆子生长得更快、更高。

生活中的科学

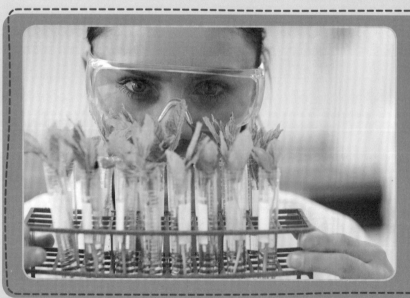

农业就是利用动植物的生长发育规律，通过人工培育来获得产品的产业。大家一直在寻找高效利用土地的方法。有的人还将售卖长势最好的植物的种子作为事业。

预防土壤流失

土壤是地球上最珍贵的资源，然而，土壤并不是一种无限的资源。在有一定坡度的地面，雨水不能就地消纳，冲刷土壤就可能会造成土壤流失。如何预防土壤流失？植物能帮助我们吗？

1

在两只播种盘中填满土。

2

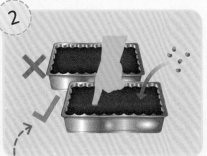

在其中一只播种盘中种下萝卜籽，播撒稍密一些。

3

用厨房秤称出烤盘的重量，并记录下来。

4

将播种盘放在烤盘上，并且把它们并排放置在阳光充足的地方——室内或室外都可以（只要天气温暖）。

5

在接下来的七天里，每天给两个播种盘浇一次水。

6

七天后，植物就能长到8～9cm高；你可以用尺子测量一下。

7

在每只播种盘较窄的一边竖着剪两个开口，剪至播种盘高度的一半。开口要靠近拐角处。

8

把你制作的两个侧翼翻折下来。

9

把播种盘放入烤盘，带侧翼的一边放在烤盘里，另一边搭在烤盘边缘。

10

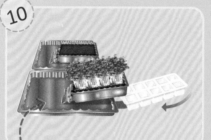

在每个突出的播种盘下方放入一只制冰格。播种盘朝着烤盘内部倾斜。

11

在给播种盘浇水的时候，从一数到五，保证水覆盖了整个播种盘。如果一些水溅到另一边，也不要担心。

12

把播种盘移开，现在两只烤盘中遗留了一些土壤和水；尽量把水吸干。

13

给每只烤盘称重，并记录结果。

从步骤13的结果中减去之前记录的重量（步骤3），最后的结果显示出流失的土壤质量。

这是
为什么呢?

这个实验将你的烤盘类比成了微型山坡,你已经测量出了雨水冲刷后土壤的流失量。雨水是土壤侵蚀的主要原因。植物的根部使土壤能凝结在一起,避免了被雨水冲刷而流失。也许你在拔除植物如杂草时,看到过土壤是如何紧紧地粘在它们根部的。实验中,你可以忽略分散种植的建议,因为这个实验里我们要研究的是植物根部,你需要把种子密集种植才能得到缠绕的根部。在实验之后,你可以把这些植物移种出去,使它们能够更好地生长。

小提示

记住你要模仿雨水的效果,要让水均匀地落在土壤上,所以尽量把洒水壶举高一点,这样效果更好。

举一反三

如果你多测验几种不同的植物防止土壤流失的效果,那么实验就会变得更加科学。你需要花更多的时间,重新做这个实验,也需要更多的烤盘。不过你也可以一次试验多种不同植物的种子。

生活中的科学

世界许多地区的耕地都因土壤侵蚀而消失了。用植物固定土壤是保护土地不被雨水破坏的最佳方式之一。"植物卫士"在沙漠中都可以工作,许多沿海地区都种植了海滩水草保护沙丘。

做酸奶

这次我们给你带来了美味的酸奶！实际上，做完这个实验，你自己就会做酸奶了。很快你就会发现细菌原来也可以这么美味。

你需要

· 活性酸奶
· 牛奶
· 2只小搅拌碗
· 温度计
· 微波炉
· 汤匙
· 布

1 舀四勺活性酸奶，放入搅拌碗中。

2 把搅拌碗放入微波炉中加热两分钟，直到温度达到42～44摄氏度。

3 在第二只搅拌碗中加入一勺酸奶，再加入四勺温牛奶并搅匀。

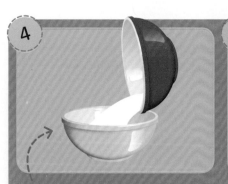

4 将混合物（酸奶和牛奶）倒入第一只搅拌碗，搅拌均匀。

5 将布盖在碗上，放回微波炉（应闭合以保存热量，但不需要加热）。

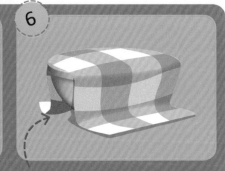

6 等待10～12小时，将搅拌碗取出，你就有一大碗美味的酸奶可以享用了！

这是为什么呢?

这个实验是关于细菌的。这些小小的微生物通过牛奶中的乳糖（一种糖）来获得能量，并且繁殖。在这个过程中就产生了乳酸，这些乳酸分子和牛奶中的蛋白质发生反应，蛋白质分子被重塑，聚集在了一起。这种"聚集在一起"的物质被我们称为酸奶。"活性"酸奶的意思是它包含了启动这一过程的细菌。正如你看到的那样，你只需要一点点酸奶，就能将更多的牛奶变成酸奶。

生活中的科学

没有人知道最初是谁制作了酸奶，但许多人相信酸奶最先出现在5000多年前亚洲的美索不达米亚地区（现为伊拉克）。它的出现可能是一个意外——一些山羊奶在高温下变成了酸奶。

小提示

这个实验只能使用活性酸奶，最好是当天购买的。

举一反三

在做实验的过程中，即使实验失败，你还是可以从中学到知识。如果你想要酷，可以和一位朋友比赛谁能做出最棒的酸奶。不要特意提醒朋友们需要使用活性酸奶，让他们用其他的酸奶来尝试。只要你使用的是活性酸奶（记住实验要求），你就每次都能成功！

这棵树有多高呢

你需要

· 2把米尺
· 前面有一片空地的树（在公园里找找符合条件的树）

在不爬树，甚至不触碰到树的情况下，你能否测出一棵树的高度？你可以猜出一个接近正确答案的数字。你也可以利用工程学知识，把科学与实践结合起来，完成这个实验。你只需要带上米尺。

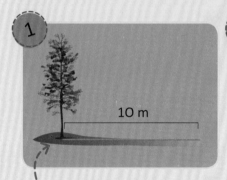

1 找一棵高高的树，但你需要清楚地看到它的全部。从树的底部往外量出10米的距离。

2 将一把米尺竖直放置，0刻度朝下。

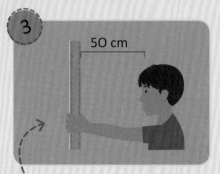

3 用另一只手拿起另一把米尺，把它举在你面前，距你的双眼大约50cm处。

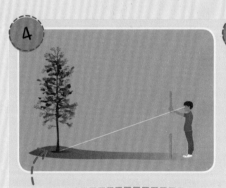

4 上下调整米尺的位置，直到米尺的底部（0刻度）和树的底部在你眼中重合。

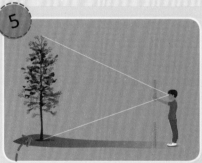

5 拿稳米尺，记下树顶在你眼中对应在米尺的哪个位置。

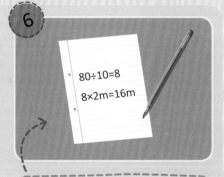

6 每10cm相当于2米的高度。例如，如果树顶对应于米尺上的"80cm"刻度，那么树就有16米高（8个10cm，8乘以2）。

这是为什么呢?

你已经创造了一个名为测高仪的工程工具，它是一种计算高度的设备。工程是科学和数学的结合——这个实验使用三角测量计算出高度。你猜得对，三角测量与三角形有关。在这个实验中你有两个三角形，一个是另一个的迷你版。大三角形的边是你的眼睛和树的顶部的连线，你的眼睛和树的底部的连线以及树干。小三角形是一样的，只是第三条边是米尺。知道树顶对应在米尺上的位置就意味着你可以计算出树的高度。

小提示

公园或者花园里的树适合用来做这个实验，因为你的视线不会被其他的树或者植物遮挡。

生活中的科学

并不是所有的测高仪都利用三角测量来计算高度或海拔。有些测高仪通过测量水的沸点来计算海拔。海拔越高（比如在山上），水的沸点就越低。精确的高度或者海拔测量对森林再生、树木保护和植物研究都有很大帮助。

举一反三

如果你无法从树的底部往外量出10m怎么办? 你可以只量5m。结果反而更容易计算：米尺上每10cm的刻度相当于树有1m高。

121

版权声明

图书在版编目（CIP）数据

　　玩中学：在家就能做的科学小实验 / （英）托马斯
·卡纳万（Thomas Canavan）著；（英）伊莲·威尔金森
（Elaine Wilkinson）绘；尤娜译. -- 杭州：浙江教育
出版社，2019.5
　　ISBN 978-7-5536-8766-7

　　Ⅰ. ①玩… Ⅱ. ①托… ②伊… ③尤… Ⅲ. ①科学实
验－青少年读物 Ⅳ. ①N33-49

　　中国版本图书馆CIP数据核字(2019)第077020号

玩中学：在家就能做的科学小实验

WANZHONGXUE: ZAIJIA JIU NENGZUO DE KEXUE XIAO SHIYAN

原　　著：Science Experiments to Amaze Your Friends
原 出 版：Arcturus Publishing Limited
作　　者：Thomas Canavan
插　　画：Elaine Wilkinson
翻　　译：尤　娜
责任编辑：徐荆舒
美术编辑：韩　波
责任校对：沈子清
责任印务：陆　江
封面设计：朱伶鑫
出版发行：浙江教育出版社
　　　　　（杭州市天目山路40号　邮编：310013）
图文制作：杭州兴邦电子印务有限公司
印刷装订：杭州下城教育印刷有限公司

开　　本：889 mm×1194 mm　1/16　　成品尺寸：210 mm×285 mm
字　　数：100 000　　　　　　　　　印　　张：8
版　　次：2019年5月第1版　　　　　印　　次：2019年5月第1次印刷
标准书号：ISBN 978-7-5536-8766-7
定　　价：45.00元

如发现印、装质量问题，请与承印厂联系。
电话：0571-85361198